走向恐龍之路

脊椎動物首次爬上陸地大約是在 3 億 8000 萬年前。除了在水中及陸地生活的兩生類之外，身體機制適合在陸地上生活的爬蟲類也登場了。到了距今 2 億 3000 萬年前，從爬蟲類之中出現了恐龍這類動物。

▲「活化石」腔棘魚。在牠的胸鰭及腹鰭等處有由軟骨和肌肉形成的柄，被視為是手腳的原形。

插圖／福田裕

◀ 兩生類的四肢動物——環耳螈。是擁有手腳和肺呼吸能力的四肢動物，可以在陸地上活動。

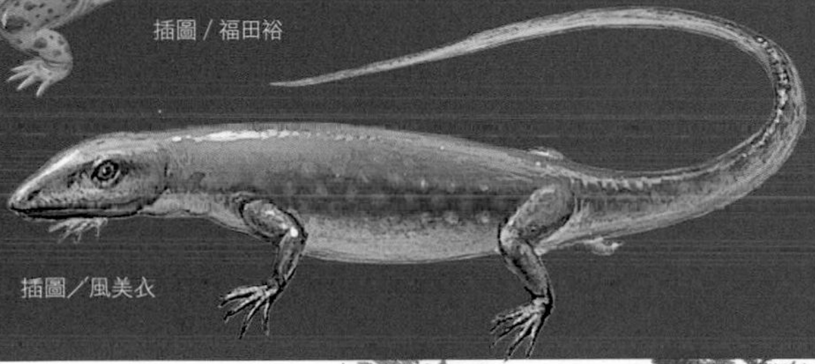

插圖／風美衣

▶ 初期的爬蟲類——林蜥。大約在 3 億年前演化成具有羊膜、產有殼卵的動物。

插圖／加藤愛一

▶ 三疊紀中期的兔鱷，是最接近恐龍的爬蟲類。一般認為牠們以兩腳步行，會吃昆蟲等。

圖像提供／日本國立科學博物館

▲ 出現於白堊紀後期的暴龍化石標本。全長約 13 公尺，以最強的大型肉食恐龍為人所知。

▶ 為了要保護自己不被攻擊者暴龍所傷，正揮舞著尾巴末端的尾鎚，努力戰鬥的包頭龍的想像圖。

插圖／桝村太一

恐龍的時代

恐龍壓倒繁榮於三疊紀的其他爬蟲類群，站上陸地生態系的頂點，在侏羅紀到白堊紀之間非常的繁盛，身體的形狀也適應了生活和環境產生各種演化，並出現全長超過 30 公尺的巨大恐龍。

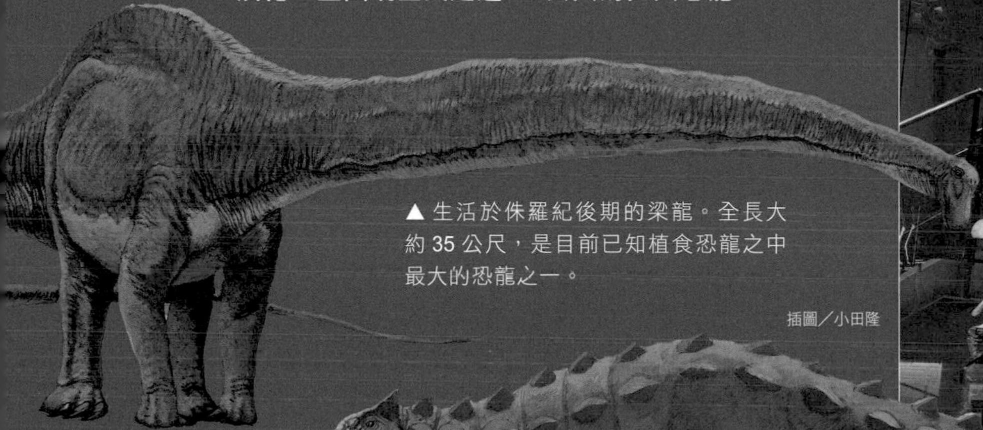

▲生活於侏羅紀後期的梁龍。全長大約 35 公尺，是目前已知植食恐龍之中最大的恐龍之一。

插圖／小田隆

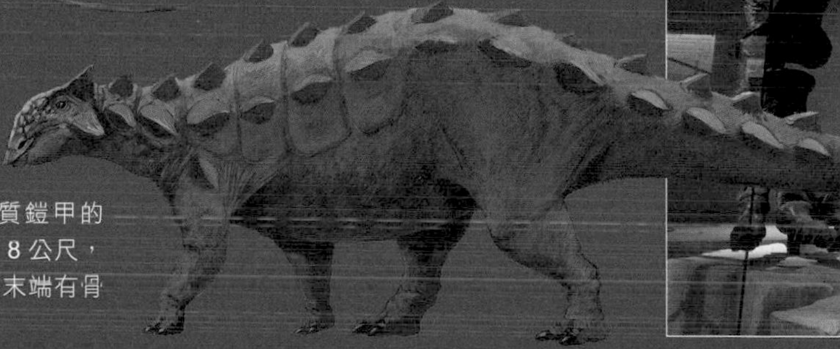

插圖／小田隆

▶在背上具有堅硬骨質鎧甲的植食恐龍甲龍。全長約 8 公尺，頭骨非常堅硬，在尾部末端有骨質的鎚。

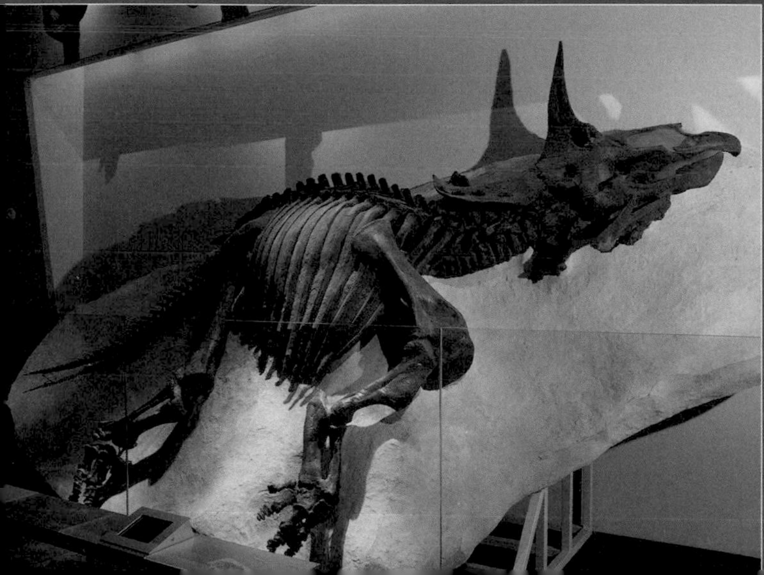

◀出現於白堊紀後期的植食恐龍三角龍的化石標本。全長約 9 公尺，以 3 隻角對抗肉食恐龍。

圖像提供／日本國立科學博物館

恐龍沒有滅絕？

1996 年後，中國陸陸續續發現了具有羽毛的恐龍，由恐龍往鳥類演化的途徑也逐漸變得清晰，現在普遍認為鳥類應該是恐龍的子孫。雖然恐龍在白堊紀末期已經滅絕，不過其 DNA 被鳥類繼承，現在也仍然繼續存在著。

圖像提供／日本國立科學博物館

▲以最古老鳥類而聞名的始祖鳥的骨骼，和現在的鳥類，及小型肉食恐龍的骨骼很相似。全長約 1 公尺。

◀全身都被羽毛覆蓋，在前後腳上具有翅膀的小盜龍。一般認為牠們是在樹上生活，會在樹枝與樹枝之間滑翔。全長約八十公分。

插圖／山本匠

▼緊盯獵物的眼神、銳利的爪子等，在鳥類中也只有鷹鷲等猛禽類還殘留著肉食恐龍的影子。

插圖／水谷高英

哆啦A夢科學任意門

DORAEMON SCIENCE WORLD

恐龍時代通行證

哆啦A夢科學任意門

恐龍時代通行證

目錄

關於這本書

這本書，是很貪心的想要讓大家能夠一邊享受閱讀哆啦A夢漫畫的樂趣，一邊學習最新科學知識的一本書。

在本書漫畫中提到的科學主題，會在其後做深入的解說。雖然這可能也包含了一些有點難度的內容，但還是希望大家能夠在閱讀之後，了解過去曾經生活在地球上的恐龍和動物們的生態，理解學界已經知道了什麼，以及還有哪些待解的謎團。

已經絕種的動物，並不是就消失不見了，正如恐龍成為鳥類的祖先一樣，成為我們人類祖先的動物們，也是在演化的過程中交棒給新的世代之後才滅絕的。希望透過本書讓大家了解

我們究竟是如何從地球上誕生，並且如何反覆進行誕生、繁榮、滅絕的過程，宏觀動物長遠的歷史，就是本書的目的。

Q 有些恐龍一輩子都在海裡度過。這是真的？假的？

※咚 ※叩隆叩隆叩隆

媽、媽、媽媽！
恐、恐、恐龍啊啊啊!!
奇怪…
恐龍在幾千萬年前就滅絕啦。
我是知道啦…
那麼，我看到的是什麼呢？
啊～真有趣。
剛、剛才這裡有恐龍…
啊，你看到了？

A 假的。恐龍是以陸地為中心活動。生活在海洋中的魚龍和蛇頸龍雖然同樣生活在恐龍時代，但牠們是爬蟲類，不是恐龍喔！

我和世修去獵恐龍了。
獵恐龍!?
在未來世界很流行呢！
是很有趣的運動喔！
那麼剛才的也是嗎？
用「時光機」從一億年前帶恐龍回來的路上，暫時放在這個房間休息一下，帶回去的恐龍，可以當作寵物喔。
好像很有意思。
我也去抓吧。
這是很難的耶。
不是每個人都辦得到的啦！
那可是很危險的運動喔！
需要有強壯的身體，還要有大無畏的勇氣。
就像我一樣…
咳！

恐龍時代通行證Q&A

Q 被視為鳥類祖先的獸腳類恐龍是誰的同類？①鳥臀類 ②蜥臀類

A ② 蜥臀類。雖然鳥臀類的骨盆和鳥類的很相似，不過一般認為鳥類是從蜥臀類演化而來。骨盆的形狀似乎是隨著演變成鳥類才有所變化。

哇啊!!
好可怕、好可怕啊！
チョロ チョロ
只是老鼠啊…
※跑來跑去
大無畏的勇氣啊…
我只怕老鼠嘛…
剛才那麼大聲是怎麼回事？
哆啦A夢他啊…
噓！
我帶你去就是了。
要先準備一下，
去拿奶油和果醬。
是帶野餐盒吧！
只要奶油和果醬而已啊。
那種東西哪吃得飽啊？
你的口袋多少都塞得下吧！

恐龍時代通行證Q&A

Q 恐龍很可能是能夠讓體溫保持恆定的恆溫動物。這是真的？假的？

A 真的。一般認為羽毛的出現代表了恐龍的恆溫動物化，其實在恐龍的階段，很可能已經可以維持體溫了。

話說回來，要怎麼抓呢？
用這個。
「細胞縮小機」。
拿錯了。
※唰
都是你塞太多沒用的東西。
有了！
※霹滋
ピカッ
※咻咻咻
哇！變得那麼小了。
也讓我玩玩看吧！
很難的喔。

恐龍時代通行證Q&A

Q 恐龍的牙齒和人類的一樣，一輩子只會更換一次。這是真的？假的？

A 假的。不論是肉食性恐龍或是植食性恐龍，牠們的牙齒不管磨光或是折斷多少次，都能夠馬上再長出新的牙齒。

距離20公尺以上，就沒有用了。
得要很靠近恐龍才行。
你做得到嗎？
我、我試試看。
你要去哪？
去找獵物啊！
……
喂！
我開始害怕了。
回家吧！

恐龍時代通行證Q&A

Q 包括齒根在內，暴龍的牙齒長度有幾公分？

①10
②15
③30

※咚咚

A

③30公分。看得見的部分是10公分，不過有3分之2是埋在顎骨中，牠們就是用這種牙齒來獵捕獵物。

恐龍時代通行證Q&A

Q 知名的大恐龍龍角類，卵的直徑大約幾公分？

①40 ②80 ③100以上

A

①約40公分。目前發現的恐龍卵化石中，最大的直徑也只有40公分左右。真是出乎意料的小呢！

※咚咚咚

恐龍時代通行證Q&A

Q 聽說有恐龍會像鳥類那樣孵卵。這是真的？假的？

A 真的。目前已經找到用身體覆蓋住巢裡的卵的竊蛋龍類葬火龍的化石。

牠好像、在猶豫要從哪個開始吃。
你先請吧!
不用客氣，你先吧!
※喀嗤
哇啊!!
ゴリ
呸!
哇啊~不要啊~

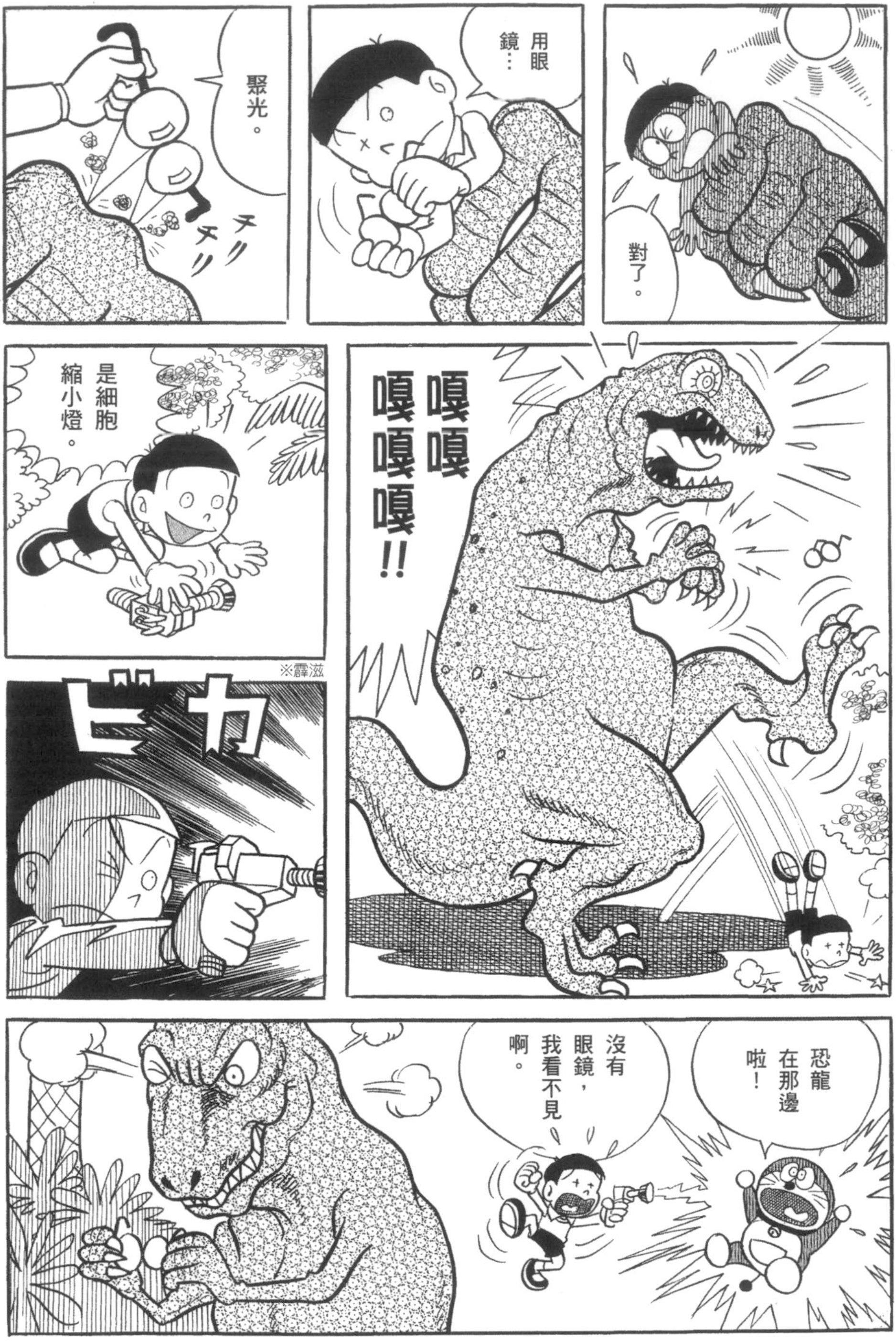
對了。
用眼鏡…
聚光。
チリ
チリ
嘎嘎
嘎嘎嘎!!
是細胞縮小燈。
ピカ
※霹滋
恐龍在那邊啦！
沒有眼鏡，我看不見啊。

恐龍時代通行證Q&A

Q 具有長尾巴的恐龍會把尾巴拖在地面行走。這是真的？假的？

A 假的。一般認為不論是哪一種恐龍，背部大概都保持水平，牠們會利用上半身和尾巴分別向前後伸展，以維持平衡。

※轟轟轟轟

從陸地上繁盛的爬蟲類之中誕生的恐龍

一般認為恐龍首次出現在地球上，大概是在距今兩億三千萬年前。在地球的歷史（地質學的年代區分）之中，相當於中生代（兩億五千一百萬年前至六千五百萬年前）的三疊紀（兩億五千一百萬年前至兩億年前）後期。三疊紀是水中的魚龍和蛇頸龍、陸地上蜥蜴類的祖先和龜類、鱷魚類的祖先等爬蟲類出現甚多的時代。恐龍就是從這些爬蟲類中誕生的。只要聽到恐龍，大家很容易就會想到像暴龍或是超龍這類巨大動物，不過一般認為最早的恐龍是以像始盜龍般全長在一公尺左右的為多，即使較大的也只有五公尺左右，是屬於比較小型的恐龍。

新登場恐龍的最大特徵，是以兩隻後腳站立的「兩腳步行」和「直立姿勢」。雖然說是直立，但並不是像人類這樣身體整個豎直起來。這裡所謂的直立，是指腳的位置就大約位在支撐身體的骨盆（腰骨）正下方，上半身以骨盆為中心。而蜥蜴或是鱷魚這類爬行動物的腳是往橫向延伸，且位於身體的正側面或是斜側面，所以牠們需要用長長的尾巴來保持平衡，移動的時候也必須要扭動身體才能夠前進；而直立型的恐龍在行走時不需要扭動身體，可以直接把腳直直的往前方伸出去。正因為如此，牠們能夠靈活的跑來跑去，追趕獵物。除此之外，穩定的直立型的腳，對於恐龍後來的巨大化也很方便。

▼以最原始恐龍之一而知名的始盜龍。動作非常迅速。

插圖／藤井康文

【蜥蜴、鱷魚（爬行型）與恐龍的腳連結方式的不同】

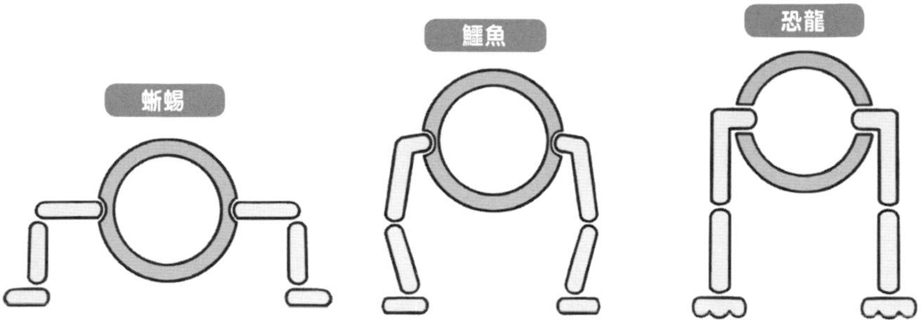

蜥蜴的腳是長在骨盆的正側面，必須扭動身體才能前進。

鱷魚的腳長得比蜥蜴靠近身體下方，比較方便活動。

恐龍的腳長在接近骨盆的正下方，所以能夠不扭動身體就往前進。

▲ 由於恐龍腳的基部是插進開在骨盆的洞裡，長在接近身體的正下方，所以從身體正面看時腳是伸直的，能夠以穩定的姿勢靈活的前進。蜥蜴和鱷魚在走動的時候則必須扭動身體，以畫弧的方式把腳往前跨出去。

雖然科學家認為最早出現的恐龍是肉食性的，不過吃植物的恐龍也很快就登場了，牠們的外觀和生活方式也有多樣性的變化。之後，到了侏羅紀（兩億年前至一億四千六百萬年前）時，當時是恐龍勁敵的鱷魚類失勢，於是恐龍站上了生態系的頂點，一直到白堊紀（一億四千六百萬年前至、六千五百五一萬年前）末期為止，始終支配著地球。

特別專欄

現在還存活著的恐龍親戚

在被稱為「爬蟲類時代」的中生代，不只是恐龍，還有各種各樣的爬蟲類登場，在地面、海洋及空中非常活躍。現在還存活著的蜥蜴類或蛇類、龜類、鱷魚類的祖先們也都出現在中生代時期。

在這些爬蟲類當中，被認為和恐龍最接近的是鱷魚類。雖然現在生長在熱帶、亞熱帶淡水水域的鱷魚類種類大概只剩下 20 種左右，但是在中生代時期，生活在海中，或是離開水邊在陸地生活的鱷魚種類，都比現在多出許多，其中也有身長約 10 公尺的巨大鱷魚。牠們一般被認為在三疊紀時期比恐龍還要繁盛。

恐龍有各種不同的種類

恐龍大約支配了地球一億六千萬年

雖然一般認為靈長類的起源能夠回溯到白堊紀後期，但是我們 *Homo sapiens*（人類）的誕生，再怎麼估算，也只能回推到十五萬年前左右。而恐龍繁盛的時期大約可以追朔到一億六千萬年前，這和人類的歷史相比，究竟是多麼的久遠！在這段期間，地球的環境出現了各式各樣的變化，恐龍也分出很多的種類，廣布於世界各地。

根據研究，已知由原始性主龍形類演化而來的恐龍，在牠們支配地表的三疊紀後期就已經分成兩類大群。那就是骨盆的型式和鳥類相似的「鳥臀類」，以及和蜥蜴類或鱷魚類相似的「蜥臀類」。骨盆是構成四腳動物腳部基部的腰部骨骼，由腸骨、恥骨、坐骨所組成。鳥臀類的恥骨和坐骨並排，往後方延伸。鳥臀類不論哪一種都是以植物為食，牠們的結構就很適合讓消化

【同樣是蜥腳類也有這麼大的不同】

潮汐龍（上，蜥腳類，全長約 27m）

近蜥龍（下，古蜥腳類，全長約 2m）

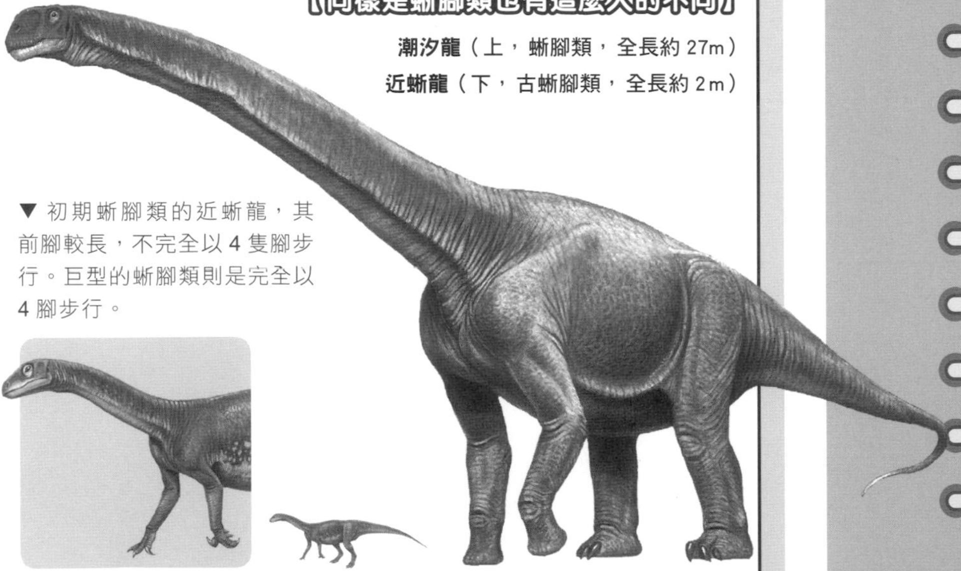

▼ 初期蜥腳類的近蜥龍，其前腳較長，不完全以 4 隻腳步行。巨型的蜥腳類則是完全以 4 腳步行。

插圖／藤井康文

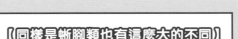

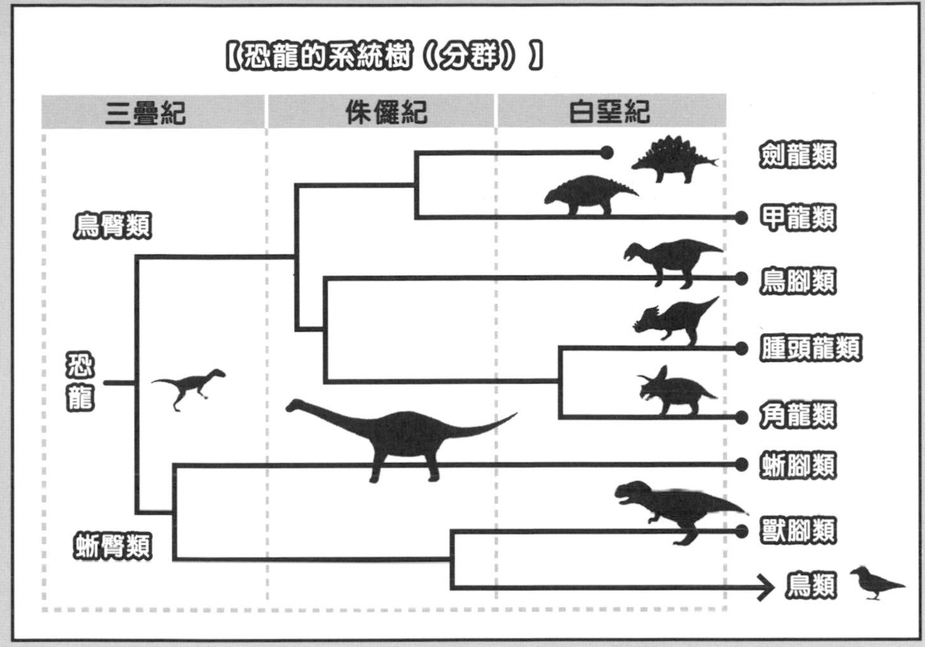
【恐龍的系統樹（分群）】
三疊紀
侏儸紀
白堊紀
鳥臀類
恐龍
蜥臀類
劍龍類
甲龍類
鳥腳類
腫頭龍類
角龍類
蜥腳類
獸腳類
鳥類

▲ 從出現在地球上至滅絕為止，恐龍持續演化成不同類型。

這些植物的長長腸子能夠全部收納於腹部之中。而蜥腳類是前端擴展像槌形的恥骨，稍稍往前方或下方延伸，這種構造是延續爬蟲類祖先的特徵，也有人說這能夠幫助牠們在採取蹲傾姿勢時可支撐體重。

因環境或生活的差異而分成眾多種類的恐龍

在三疊紀最先擴大勢力的是蜥臀類。蜥臀類可分為肉食性的「獸腳類」及植食性的「蜥腳類」（此類別又可細分為古蜥腳類及蜥腳類）。在獸腳類中以最強的獵食性的「暴龍」最有名，不過最早在身體上長出羽毛的恐龍也是屬於這一類。以四腳步行、有長脖子的蜥腳類，則演化成了史上最大型的陸地動物。而另一方面，鳥臀類則是在侏儸紀、白堊紀時期分成許多種類。其中能夠很有效率的咬碎植物的「鳥腳類」，是在植食性恐龍中最為繁盛的類群。其他還有為了保護自己不被肉食恐龍攻擊，而以堅硬的鱗片或板狀骨、角或棘刺武裝自己的「裝甲亞目」中的「劍龍類」、「甲龍類」、「角龍類」或「腫頭龍類」也登場了。

植食恐龍是怎麼演化出來的？

靠各種不同防身功夫活命的植食恐龍

在植食恐龍中，以具有大型身體及長脖子的蜥腳類最為人所知。這些恐龍以巨大化來保護自己不受肉食恐龍攻擊，在侏儸紀時期，這類恐龍的種類和數量都有增加。另一方面，也有些雖然是小、中型，但數量也頗為繁盛的植食恐龍。

其中以在日本被發現的福井龍、禽龍和愛德蒙脫龍等鳥腳類恐龍最為繁盛。在世界各地都有發現牠們的化石，這讓我們知道牠們的數量既多，又廣泛分布在許多地方。牠們的特徵是嘴巴前端成喙狀，在摘取或撿拾堅硬植物時非常方便。小型恐龍用兩腳步行，中型恐龍以四腳步行，似乎都能夠靈活的四處活動。

此外，牠們也被認為會像現在棲息於非洲乾草原的牛羚或斑馬那樣成群活動，好保護自己不受肉食恐龍攻擊。在鴨嘴龍類中，還有頭部會像雞冠般隆起的種類。那裡面有通往鼻子的管子，當有空氣通過時便能發出很大的聲音，也許可以用來通知同類有危險的到來。另外，還有學者認為慈母龍會集體築巢，再由親龍把食物帶回巢中育幼。

▼ 以劍龍等為首的劍龍類，從後頭部到尾部的前端有兩排板狀尖棘突起並排，用來威嚇戰鬥的對象。

插圖／藤井康文

▲▶ 在發達的頭部具有長角或頸飾的三角龍（上）。鳥腳類的副櫛龍（下）的頭冠被認為是發聲用的器官。

插圖／枡村太一

為了要保護自己不受肉食恐龍的攻擊，植食恐龍中也有讓武器或護具進化的物種。像甲龍類的背部被堅硬的骨質鎧甲覆蓋著，再以突起或是棘刺來防身。其中好像也有些種類是在尾部末端配備著像鎚子般的瘤，以揮舞尾鎚來戰鬥呢！像三角龍等的角龍類，在頭部還有像是長角或盾狀的裝飾。像劍龍等的劍龍類也會在背部排列著板狀或是棘狀的骨頭，一般認為牠們是以此來威嚇對手，不過也有人認為在板狀部分內的血管很發達，對體溫調節可能也有幫助。

特別專欄

從牙齒了解食物

從化石中得知，在恐龍生活中最重要的是牙齒的構造。肉食性恐龍有尖銳像刀子或鋸子般的牙齒；為了要把獵物撕碎，牠們的顎部也很有力。在植食恐龍中，蜥腳類具有細長的棒狀齒，是用來從樹枝上切下樹葉，並不咀嚼就整個吞下去。鳥腳類的愛德蒙脫龍有由許多小牙齒集中形成的無縫板狀，上下牙齒錯開，牠們以像是要把牙齒對齊般的動作，用牙齒把枝葉磨得很細碎。三角龍等也是牙齒長得很密沒有縫，像使用剪刀那般的運動顎部，把植物切得又細又碎。

肉食恐龍是怎麼生活的？

獸腳類是以銳利的牙齒及爪子襲擊獵物的肉食獵人

肉食恐龍的特徵是有尖銳的牙齒、銳利的爪子、能夠張得很大的嘴、堅固的顎部等，具備了捕捉獵物的必要武器。再加上牠們大部分都是以兩腳步行，所以動作更為迅速。一般認為牠們的嗅覺或視覺等感官也非常靈敏。當然，雖然通稱肉食，其中有吃昆蟲的，也有會吃恐龍的；有些會積極狩獵，有些則會尋找動物屍體來吃。由於這些不同的生活方式與環境，肉食恐龍就分成各種不同的種類。例如白堊紀的肉食恐龍堅爪龍雖然是用兩腳步行，從體型來看也是肉食恐龍，但是由於牠細長的頭形和長脖子與鱷魚很像，所以一般認為牠們是棲息在水邊捕魚來吃。

雖然肉食恐龍在三疊紀登場的時候幾乎全都是小型的，但是到了侏儸紀，像異特龍（九至十二公尺）般的大型種類也登場了，到白堊紀時，暴龍、巨獸龍、望齒龍、棘龍等超過十公尺的種類接二連三的出現。雖說如此，也不是全部種類的體型都變大了，還是有許多中、小型的肉食恐龍。

▼在侏儸紀中期登場的大型肉食恐龍。頭部比暴龍細長，在眼睛上方有角狀突起。

插圖／桝村太一

為了跑來跑去追趕獵物，體型纖瘦比較方便？

雖然體型變大能提升攻擊力與破壞力，不過體重變重，要跑得快就變難了。一般認為暴龍的速度大概只有快步走而已。反過來看，中、小型的肉食恐龍就能夠以很快的腳程及迅速的動作來攻擊獵物。以跑步速度聞名的有似雞龍和似鴕鳥龍類（如似鳥龍）。一般認為牠們能夠以時速大約五十公里的速度奔跑。牠們口中沒有牙齒，以喙部捕捉昆蟲或小動物等，也會吃些植物，算是雜食性。

此外，一般認為接近暴龍的亞伯達龍是群居生活，成體和幼體會一起狩獵。由於年輕亞伯達龍的身體纖瘦，能夠跑很快，也許牠們是透過追趕獵物，讓獵物變累變弱，最後再由成體來把獵物殺死的！

▲暴龍又名霸王龍，有「暴君」的意思，具有大型的頭部、堅固的顎部、銳利的牙齒，被視為是最強的大型肉食恐龍。

插圖／高橋加奈子

特別專欄

暴龍是最強的獵人

暴龍是在白堊紀後期登場的巨大肉食恐龍。到目前為止發現的最大暴龍全長 13 公尺，體重估計約 6 公噸。大而堅固的頭部是其特徵，顎部的肌肉也非常發達。因為如此，咬合力非常強，一般認為牠們會把獵物連骨帶肉一起喀滋喀滋吃掉。朝向前方的眼睛，對測量自己與獵物之間的距離非常有用（立體視覺）。不過牠們的前腳很短，即使摔跤也沒辦法把身體撐起來，所以快速跑步並不是一個好辦法。與其追捕獵物，還不如潛伏等待獵物接近，所以一般認為牠們的狩獵方式可能是屬於「埋伏型」。

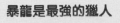

真羨慕中國有恐龍。

恐龍真的是鳥類的祖先嗎？

最古老的鳥類「始祖鳥」和小型肉食恐龍（獸腳類）骨骼非常相似

現在已知最古老鳥類始祖鳥的化石，是在一八六一年發現於侏儸紀後期的地層中。雖然骨骼和小型肉食恐龍很相似，但是在化石上卻清楚殘留著羽毛的痕跡。這個始祖鳥的發現，成為「鳥類是由恐龍演化而來」的議論契機。

恐龍與鳥類之間的關係被視為確定，是一九九六年起在中國接二連三發現了具有羽毛的恐龍之後。除了羽毛之外，沒有牙齒的喙部、可以上下活動的肩關節、叉骨（左右鎖骨連結成的V字型骨頭）的存在等，都說明了像竊蛋龍類的小型獸腳類恐龍的骨骼，和鳥類有許多的共通點。不過還是留有一些疑問。雖然從化石得知恐龍前腳指頭留有大拇指、食指、中指這三根，但是鳥類翅膀（前腳）骨頭的指頭卻被認為是食指、中指、無名指這三根。

【始祖鳥】
【小盜龍】

▼▶ 始祖鳥（右）是現在已知最古老的鳥。小盜龍或近鳥龍（下）則是最接近鳥的恐龍。

插圖／菊谷詩子

可是，最近日本學者從發生學的觀點證明了鳥類翅膀的指頭也是從大拇指到中指的三根，確定了恐龍是鳥類的祖先。從前恐龍和鳥類有明確的界線，現在則發現牠們的演化是連續性的，很難界定到哪裡為止是恐龍，從哪裡開始是鳥類。只不過雖然在白堊紀前期，羽毛恐龍和鳥類應該是共同生活在同一時期，但是恐龍是從什麼時候演變成鳥類，那條界線仍然不清楚。

【雌駝龍】

◀ 竊蛋龍的同類。在前腳上生有羽毛。嘴巴是沒有牙齒的喙部，似乎主要已植物為食。

插圖／菊谷詩子

用來保溫的羽毛和用來飛行的羽毛不一樣？

目前已經發現了許多具有羽毛的恐龍。只不過，並不是所有具有羽毛的恐龍都能在空中飛行。羽毛扮演的主要功能是保溫，如果要能夠在天空飛行，翅膀上就要有「飛羽」這種特別的羽毛。除此之外，骨骼或關節的動作、肌肉或感覺器官等也需要做各種各樣的變化。恐龍們究竟是如何得到這些的呢？至今仍舊留有非常多的謎團。

特別專欄

恐龍外觀的改變

1996 年，在中國遼寧省發現被稱為中華龍鳥的這種小型肉食恐龍的化石，震驚了全世界的恐龍學者。因為牠的全身覆滿了羽毛。在這之前，大家都認為屬於爬蟲類的恐龍，身上當然是覆蓋著鱗片，直到中華龍鳥的發現才顛覆了大家的想法。

在那之後，羽毛恐龍接二連三的被發現。從羽毛的結構看來，一般認為恐龍並不是為了飛行，而是為了保溫，才讓羽毛變發達。

最近則也有「暴龍的身體上可能也有一部分被羽毛覆蓋」的說法出現。

恐龍們！
歡迎來日本！

※中國恐龍展

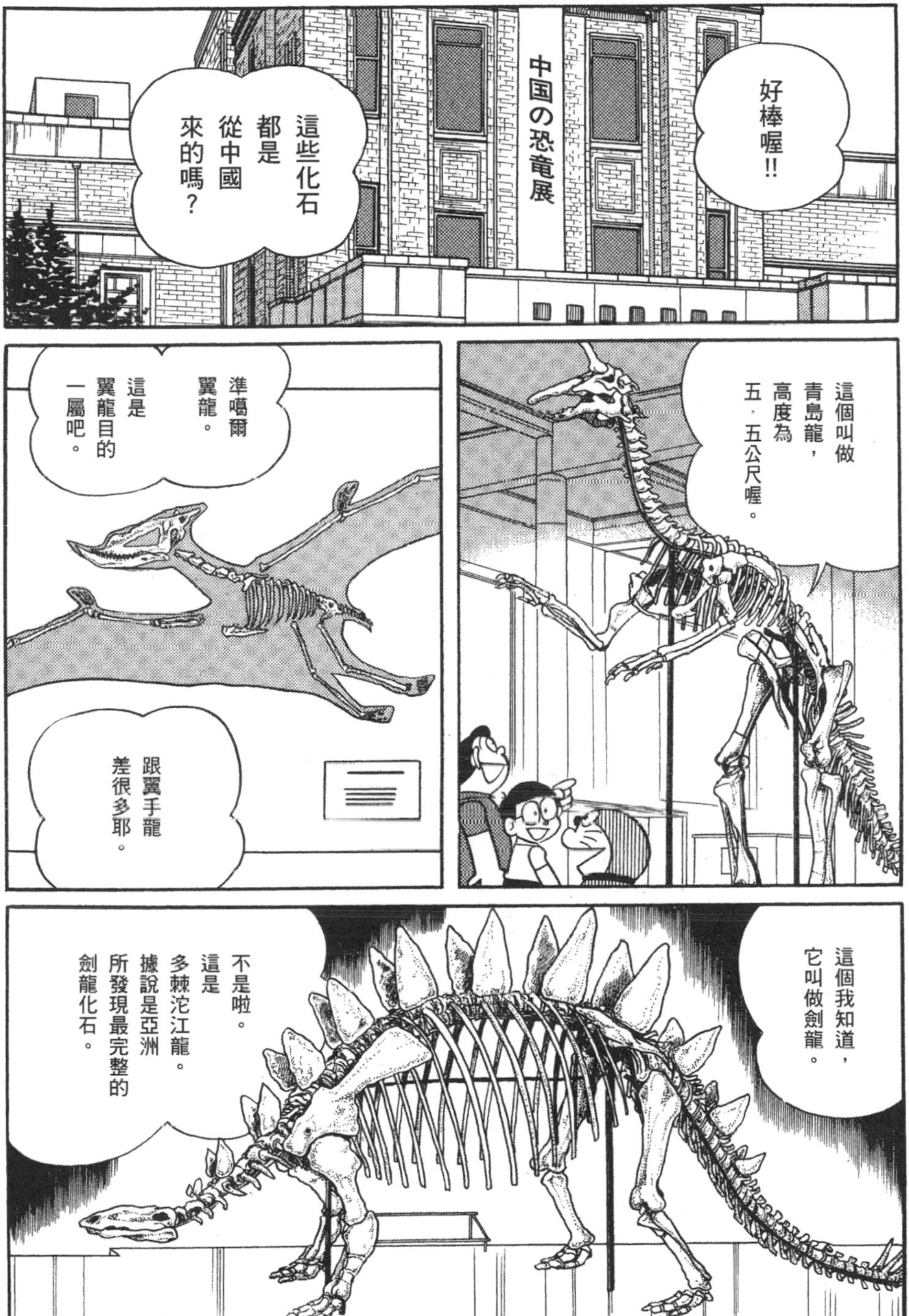

好棒喔!!
中国の恐竜展
這些化石都是從中國來的嗎?
這個叫做青島龍,高度為五.五公尺喔。
準噶爾翼龍。
這是翼龍目的一屬吧。
跟翼手龍差很多耶。
這個我知道,它叫做劍龍。
不是啦。這是多棘沱江龍。據說是亞洲所發現最完整的劍龍化石。

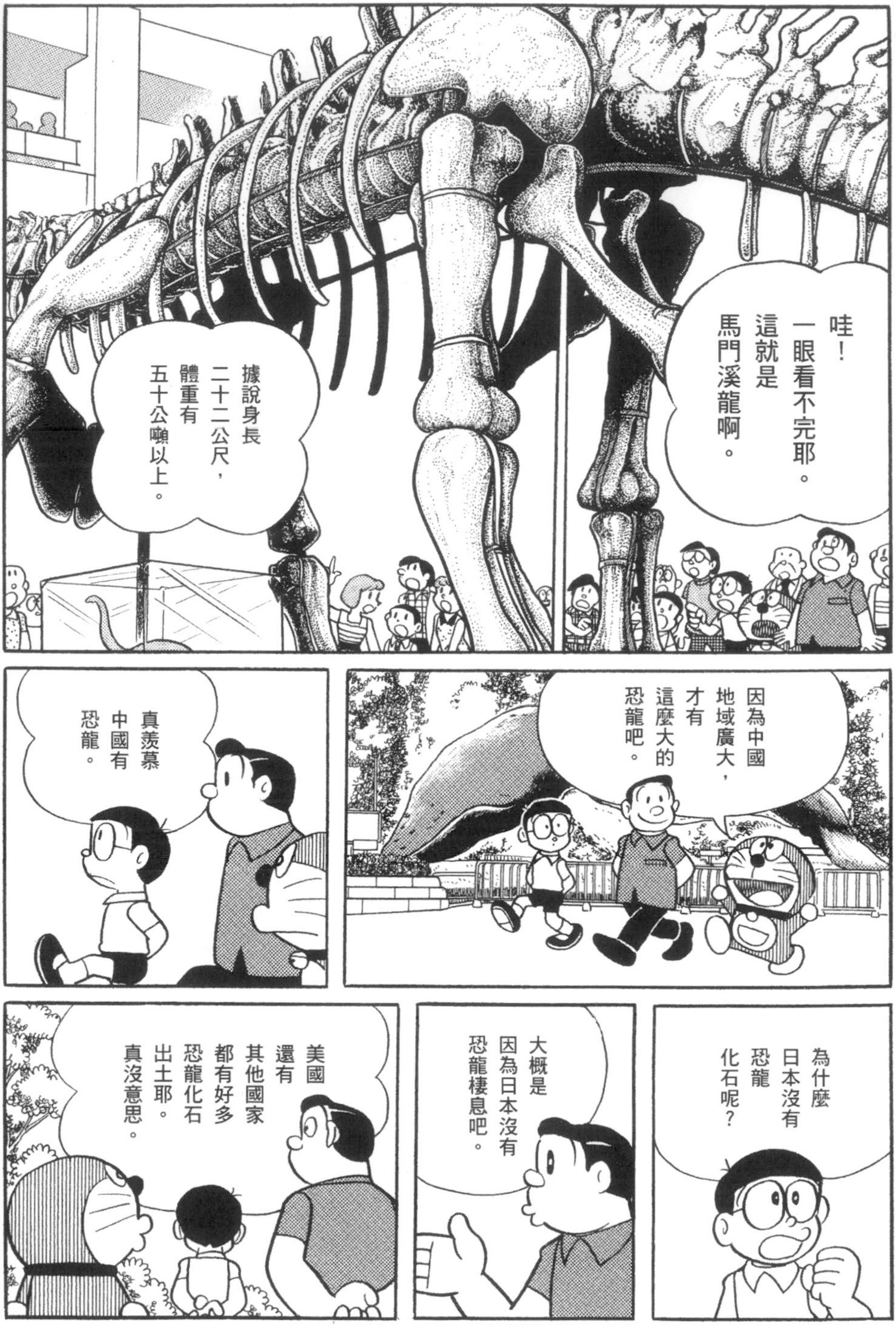
哇！一眼看不完耶。這就是馬門溪龍啊。
據說身長二十二公尺，體重有五十公噸以上。
因為中國地域廣大，才有這麼大的恐龍吧。
真羨慕中國有恐龍。
為什麼日本沒有恐龍化石呢？
大概是因為日本沒有恐龍棲息吧。
美國還有其他國家都有好多恐龍化石出土耶。真沒意思。

恐龍時代通行證Q&A

Q 蜥腳類恐龍體內是利用什麼幫助消化？①泥巴②石頭③木頭

A ②石頭。被稱為胃石。牠們似乎為了讓富含纖維的植物能在胃裡被磨碎、容易消化，而把石頭吞進肚子裡。

恐龍時代通行證Q&A

Q 據說有頭骨厚度達15公分，頭比石堅的恐龍。這是真的？假的？

※啪答咚答
請不要這樣!!
但我得上去。
你不可以隨便上樓。
※呼
只要藥錠離開一開始放置的地點，效力就會消失。
……
叫靜香來這裡吧！
打擾你們了。
?
把剩下的一半給她！
等一下。
也得考慮靜香現在方不方便才行。
對喔。
等她練完鋼琴再說。

A 真的。腫頭龍類的腫頭龍難得有這種堅硬的頭當武器，但在戰鬥時好像派不上用場。

Q 聽說有奔跑速度高達時速50公里左右的恐龍存在。這是真的?假的?

只要用這個，什麼客人都能邀請來嗎？
沒錯，什麼客人都行。
我想到了!!
ザザーッ
※沙沙
パキ
※啪
パキ パキ パキ
※啪啪啪
大雄，你拿那麼多要叫誰來？
一半放這裡，一半搭「時光機」到遠古時期的中國去……
一半的碎片
我要把這些分給恐龍們。
這主意真棒!!
如果恐龍們來到遠古時期的日本，定居下來…
日本就會有恐龍，
然後出現化石!!

A 真的。全長約3公尺的似鴕龍，亦被稱為似鴕鳥龍，被認為可以用長腳來快速奔跑。

這樣一來，日本也可以有不輸給外國的恐龍博物館喔!!
搞不好從我們家院子就可以挖出化石來，
然後把牠取名叫大雄龍。
等等⋯那另外一半不就得放在遠古時期的日本囉⋯
沒問題。「邀請錠」的效力可以跨越時空。
大雄！房間打掃好了嗎？
等一下!!
我們現在要處理國家大事。
現在我們就把「邀請錠」⋯
拿去分給客人吃吧！
要分給各式各樣的恐龍喔。
真希望牠們會喜歡日本，並且定居下來。

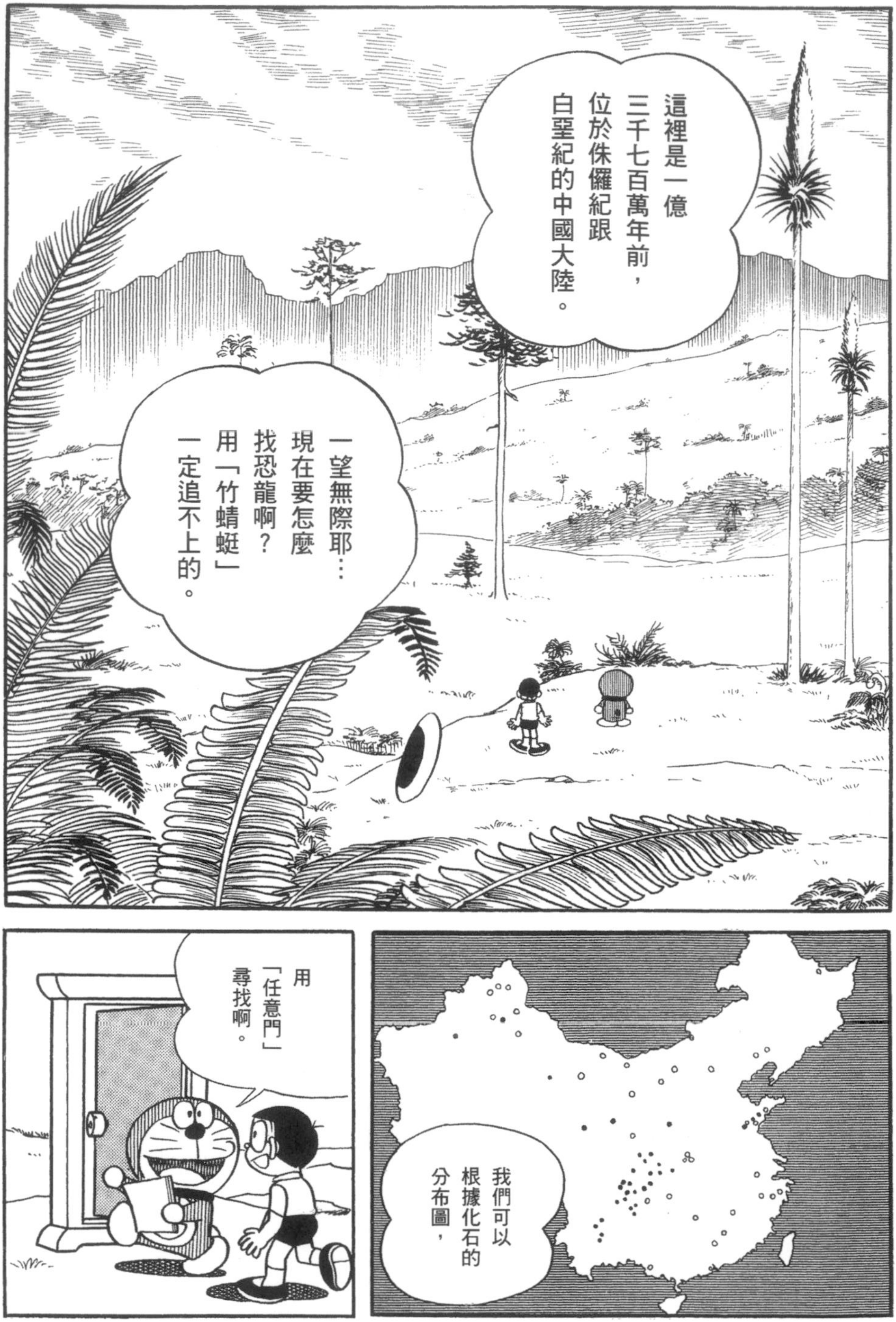
這裡是一億三千七百萬年前，位於侏儸紀跟白堊紀的中國大陸。
一望無際耶……現在要怎麼找恐龍啊？用「竹蜻蜓」一定追不上的。
我們可以根據化石的分布圖，
用「任意門」尋找啊。

恐龍時代通行證Q&A

Q 有些恐龍具有像現在鴨類般的寬廣喙部。這是真的？假的？

A 真的。植食恐龍中的愛德蒙脫龍，也被稱為鴨嘴恐龍。牠們以喙部摘取葉片，用臼齒咀嚼。

首先到青島龍所在的，
山東省萊陽市去。
上面寫著牠們住在河川或湖泊附近。
是不是在博物館看到的頭上有個很像角的恐龍啊。
……完全不見蹤影耶。
一定有！只要這裡有化石出土，就表示曾經有恐龍在此棲息過。
咦？上面寫著是白堊紀後期。
前期跟後期相差幾千萬年耶。哆啦A夢你也太隨便了吧。
說不定前期也有啊。只是沒找到化石而已。
※咕嚕咕嚕
ゴボゴボ
咦!? 那是什麼!?

※嘩～
你看！我就說吧～
※嘩啦嘩啦
哇！牠上岸了！
別看傻眼了，快邀請牠！
啊，我忘了。
跟博物館看到的復原圖一模一樣耶。
※咕嚕

恐龍時代通行證Q&A

Q 具有長長鉤爪的鐮刀龍前腳的鉤爪長度有幾公分？

①20 ②40 ③70

A

③70公分。有人認為牠們是以長長的鉤爪挖掘植物的根，但是實際情形仍不清楚。

※轉頭
クルッ
牠在沉思。
這藥真的有效嗎？
※碰碰碰
ズシーン
ズシン
ズシーン
牠朝著東邊前進了。
邀請成功。
接下來是四川省自貢市。
那裡有什麼恐龍啊？
就是這個!!
歡、歡迎到日本去。
日、日本是個好地方喔。
※咕嚕
パク

※慢慢走

大家都開心地往日本前進了。
得再多邀請一些恐龍才行。
接著是……
準噶爾盆地烏爾禾。
那是準噶爾翼龍!!
請你接受我們的邀請吧～

恐龍時代通行證Q&A

Q 從化石能夠辨識出恐龍的性別嗎？ ①依情況有可能 ②無法分辨

A

①依情況有可能。產卵的母恐龍在產卵期時骨骼內部的鈣量有增加的傾向，這是可以分析出來的。

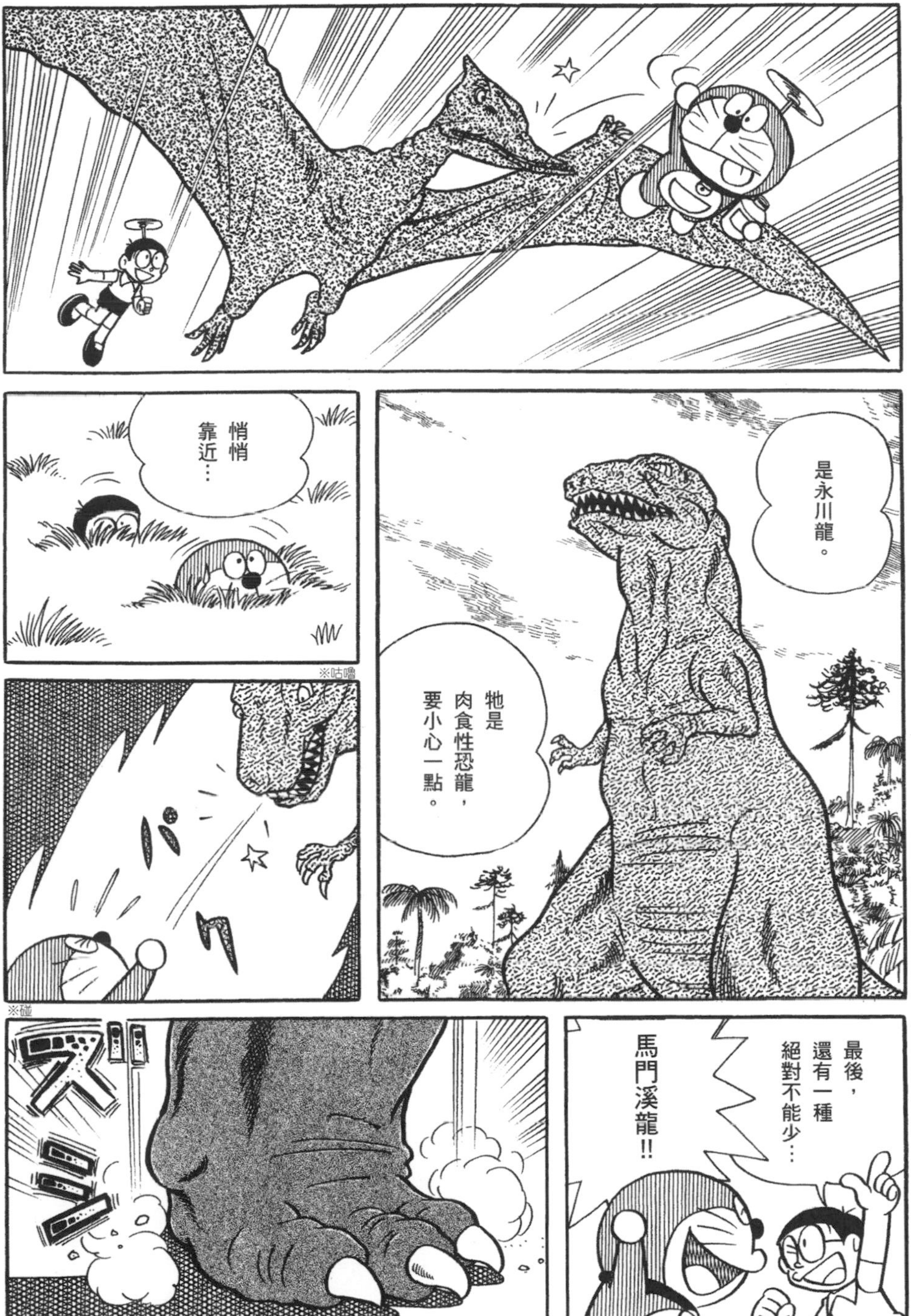
是永川龍。
牠是肉食性恐龍，要小心一點。
悄悄靠近…
※咕嚕
※碰
最後，還有一種絕對不能少…
馬門溪龍!!

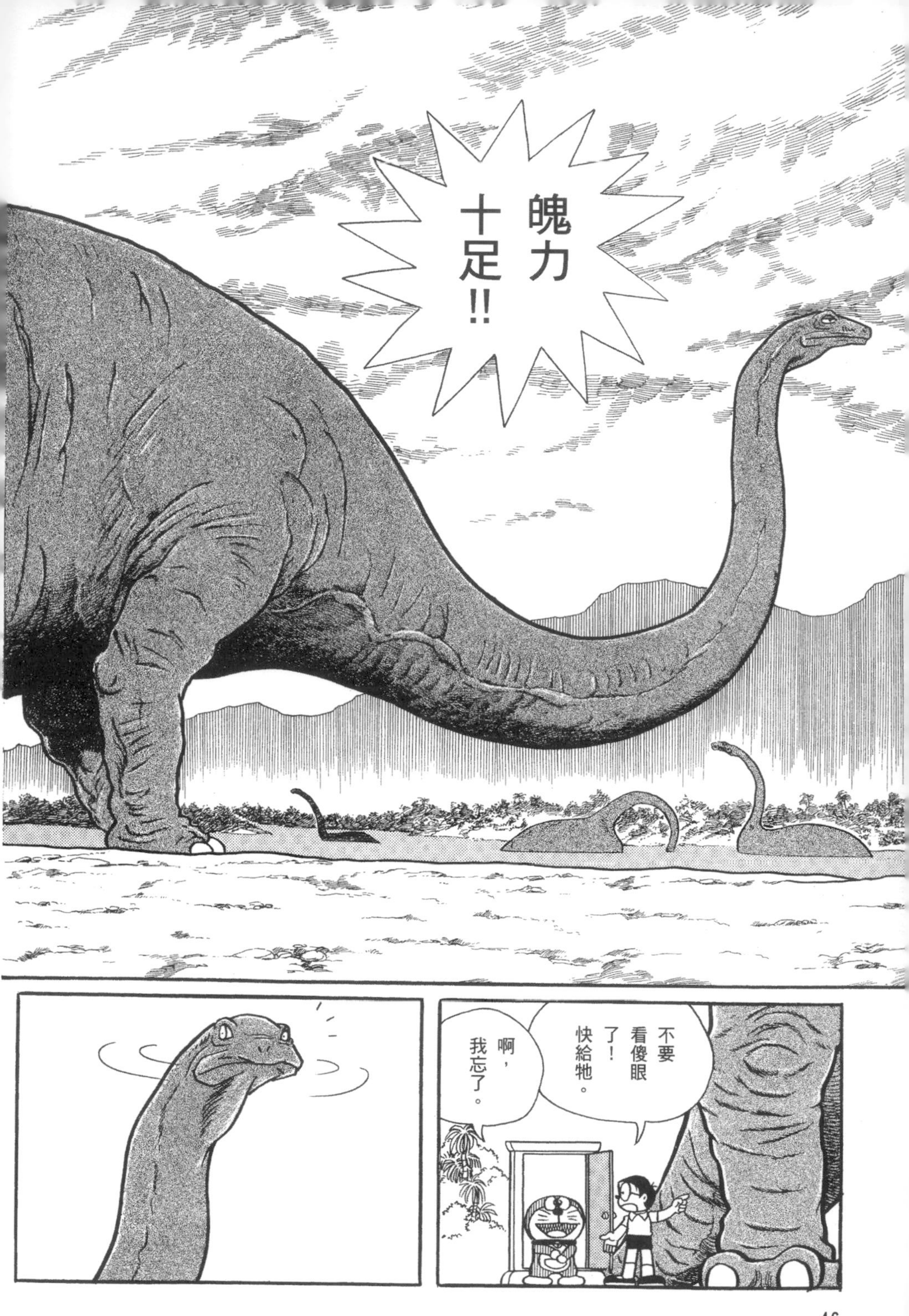
魄力十足!!
不要看傻眼了！快給牠。
啊，我忘了。

喂!!
請吃
「邀請錠」。

Q 哪種恐龍很聰明？ ①馬門溪龍（蜥腳類） ②劍龍（裝甲類） ③傷齒龍（獸腳類）

グ・グーーッ
※轉頭
牠轉頭了。
頭跑到那邊去了啦。
拜託不要轉來轉去的。
グ!グー
※轉頭
又回頭了！
別東張西望的啦！
吃吧!!
パク
※咕嚕

※碰碰

大家都朝著我的房間前進了。
我們的工作到此告一段落……
不過恐龍們的漫長旅行才正要開始呢。
牠們到日本要花上幾個月……不、可能要花上幾年呢。

A ③傷齒龍。確實狀況不明，不過從腦部大小相對於身體比例，或前腦發達狀態，可以推測牠們的智能。

恐龍時代通行證Q&A

Q 暴龍的壽命大概有多長？ ①10年 ②30年 ③60年

A

②30年。牠們大概在13歲左右成長最快速，過了20歲，就不太長了。一般認為牠們的壽命大概30年左右。

我們所居住的日本列島還要很久很久之後才會成形，東京這時候還在海底啊!!
那遠道而來的恐龍呢!?
牠們無法抵抗「邀請錠」，應該全都走到海底去了……
住手!!
已經來不及了。
嗚……我們犯下了滔天大錯!!
都怪我出什麼爛點子。

!?
咦…
「邀請錠」的碎片怎麼不見了!!
房間弄得亂七八糟的，我把它掃乾淨了!!
這麼說，恐龍牠們…
回去看看。
牠們掉頭回去了!!
幸好「邀請錠」不見了。

恐龍時代通行證Q&A

Q 聽說劍龍背部的骨板具有調節體溫的功能。這是真的？假的？

母親大人!!
感謝您幫我打掃房間。
?
這件事雖然解決了…
可是靜香呢?
很抱歉…
我要去看恐龍蛋化石。
「邀請錠」全都分給恐龍了啦。

A 真的。在骨板的表面有許多血管通過，在骨頭內部也有大量的血管。一般認為這被利用在體溫調節上。

一定有！只要這裡有化石出土，就表示曾經有恐龍在此棲息過。

恐龍生存的時代，地球的環境如何？

在盤古大陸分裂及地球暖化中發展的恐龍族群

一般認為恐龍存在的中生代（三疊紀、侏儸紀、白堊紀）整體氣候很溫暖，平均氣溫比現在高了攝氏十至十五度。主要的原因是活躍的火山活動，讓大量二氧化碳廣布於大氣中。二氧化碳是造成地球暖化的原兇。根據推測，當時的二氧化碳濃度應該有現在的十倍以上。現在被冰封的南極大陸，在這個時期也曾經是被森林覆蓋的溫暖地域，因為在南極曾經發現過冰脊龍等化石，就是最好的證據。

在恐龍登場的三疊紀，地球上幾乎所有的陸地都集中成一塊巨大大陸，稱為盤古大陸。在比較潮溼的沿岸地帶，廣布著由蕨類和蘇鐵等植物所形成的茂密森林。鱷魚及恐龍等稱為主龍類的爬蟲類非常繁盛，這些動物一邊自由移動，一邊廣布到大陸各地。

到了侏儸紀時期，盤古大陸分裂成北半球的勞亞古陸及南半球的岡瓦納大陸。除了溫暖的氣候之外，溼度也很高，蕨類、蘇鐵、針葉林的生長面積擴大，形成了廣大且蒼鬱的森林。依賴那些豐饒植物為食的植食恐龍，還有襲擊牠們的肉食恐龍的數量也慢慢增加。發展至此，恐龍們的巨大化也持續進行中。

▼侏儸紀至白堊紀時期的地球非常溫暖，植物也很豐富。那些廣闊的森林，支撐了恐龍的繁榮。

到了白堊紀時期，南北大陸又繼續分裂，成為與現在很類似的排列。由於陸地被海洋切割開來，恐龍們就在各自的大陸上走上不同的演化之路。此外，在白堊紀時期也出現了會開出美麗花朵的被子植物，讓森林的豐富度變得越來越高。

▲這隻恐龍的羽毛構造對飛行沒有幫助。羽毛恐龍的登場，是否和寒冷化的環境有關？

插圖／山本匠

特別專欄

被子植物的繁榮

在恐龍繁榮的時代，植物也有了很大的變化，「被子植物」就是在白堊紀登場的。到當時為止的裸子植物（蘇鐵或銀杏等），花朵基本上會分成雄花和雌花，但雌花中的胚珠（種子的根源）會暴露在外。但是被子植物多半是在一朵花中同時有雄蕊和雌蕊，雌蕊的組織會完整的把胚珠包覆在裡面。

和被子植物的繁盛有關的是昆蟲的授粉。被子植物是利用營養豐富的花粉或花蜜引誘昆蟲前來取食，幫自己運送花粉，以便有效率的授粉。

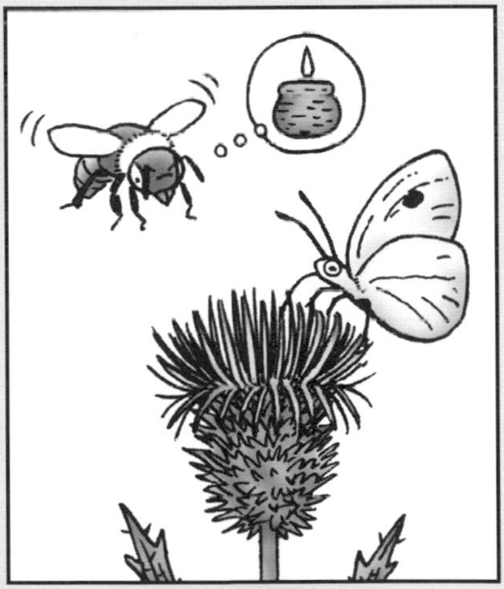
▲被子植物的花粉或花蜜，也連帶提升了花蜂類及蝶類昆蟲的繁盛。

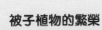

恐龍為什麼巨大化了？

最後，
還有一種
絕對不能少…
馬門溪龍!!

史上最大陸生動物——蜥腳類的巨大恐龍

目前陸生動物中最大的動物是非洲象，牠的體重為五到七點五公噸，體高（肩高）是三到四公尺。但是，在中生代卻有遠比牠們更巨大的恐龍存在，那就是地震龍或超龍等蜥腳類恐龍。巨大恐龍的全長超過三十公尺、肩高也在五公尺以上，體重四十公噸，據說其中還有接近一百公噸的呢！牠們具有長長的脖子與尾部，以四隻圓圓粗粗的腳支撐著巨大的身體。這些大型恐龍在侏儸紀時增加了種類與數量，一直到白堊紀末期，都是很繁盛的植食恐龍。

最初以巨大化恐龍而知名的，是在三疊紀後期出現的板龍，全長約八公尺。雖然牠們以兩腳步行，不過隨著演化，之後就變成用四腳步行了。

蜥腳類究竟為什麼會變得這麼巨大呢？首先，在中生代的地球有廣大的森林，森林裡的植物提供了牠們非常豐富的食物。此外，恐龍往身體正下方延伸的腳（參照第二十三頁）適合支撐大型的身體，應該也是原因之一。為了要從營養價值比肉低，又得花很長時間才能消化的植物中攝取足夠的營養，牠們必須具備長長的腸子等大型消化器官，再加上牠們的長脖子能左右活動，可以很有效率的在寬闊的地域採食更多植物。另外，巨大化也成為能夠保護自己的武器，較不容易受肉食恐

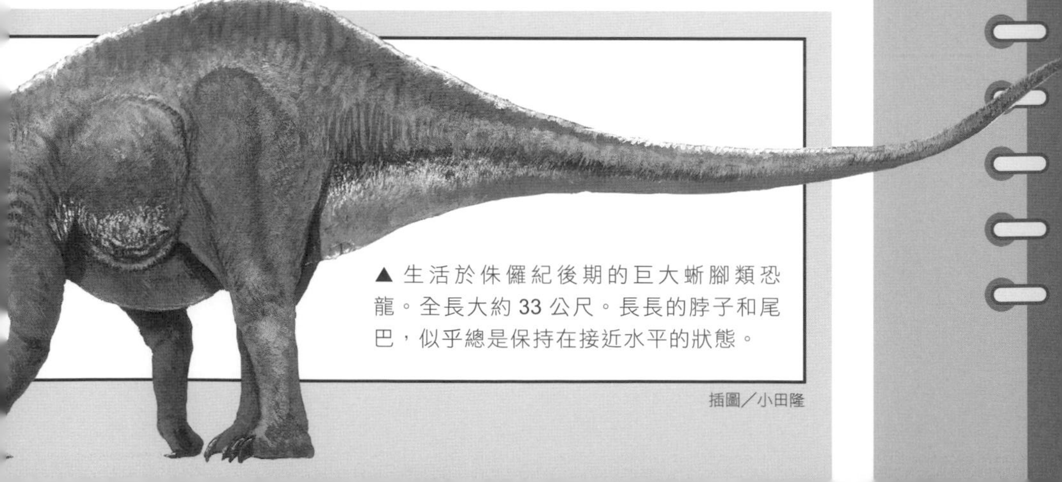

▲生活於侏儸紀後期的巨大蜥腳類恐龍。全長大約 33 公尺。長長的脖子和尾巴，似乎總是保持在接近水平的狀態。

插圖／小田隆

龍攻擊。巨大的身體其實對於生存有者很多優勢呢！

巨大恐龍一天會吃五百公斤的植物！

假如體重四十公噸的巨大恐龍是會在自己的體內產生熱、讓體溫保持恆定的內溫性動物，牠們應該每天至少得吃上五百公斤的植物。從這件事情來推斷，蜥腳類恐龍應該和現在的爬蟲類一樣，是會依氣溫改變體溫的外溫性動物。假如牠們是外溫性動物的話，每天的食物量只要九十公斤左右就夠了。

▲這是全長約 25 公尺的巨大恐龍。牠沒有能夠用來磨碎用的牙齒，似乎是直接把上下齒切咬下來的植物整個吞下肚。

插圖／桝村太一

特別專欄

巨大恐龍的脖子不能往正上方舉起？

在蜥腳類之中，有長脖子的馬門溪龍最為人所知，牠的長脖子人約占了身體全長的一半，長達 12 公尺。之前都是把蜥腳類恐龍畫成長脖子往正上方舉起的姿態，不過最近的看法是牠們應該不容易把脖子往上舉，只能保持在接近水平的狀態，因此復原圖也做了修改。牠們脖子的結構應該不適合往上，比較適合往下或是左右移動才對。像重型龍等也被認為可能是一邊用後腳及長尾巴支撐身體，一邊抬起前腳讓身體整個可以豎直起來，再把脖子伸直往上舉。

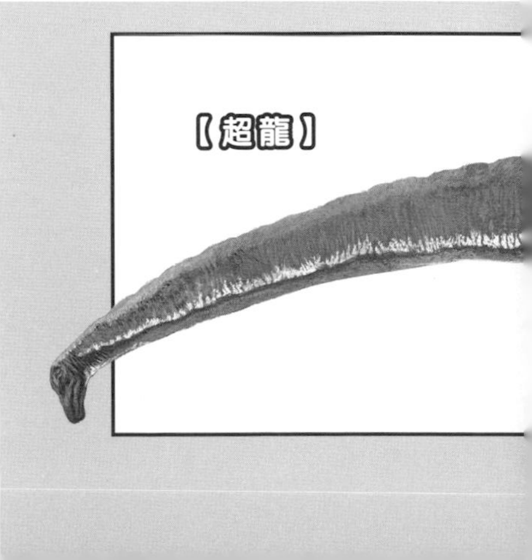

恐龍突然消失的原因是什麼？

恐龍在幾千萬年前就滅絕啦。
我是

恐龍滅絕最大的原因是隕石的撞擊？

在距今大約六千五百萬年前的白堊紀末期，原本在世界各地都很繁盛的恐龍，突然間消失了身影。科學家以這個時代的地層為分界，發現化石種類在這個地層前後有著極大的不同，因而推測出恐龍消失了。從這個時期之後的地層，再也找不到恐龍的化石。

恐龍到底為什麼會滅絕呢？關於這個原因，雖然有像是大規模的火山爆發、氣候急劇變動、疾病的流行等各式各樣的說法，不過現在最具說服力的說法是，由於巨大隕石的撞擊，讓地球環境有了很大的改變。

隕石撞擊說，是在一九八〇年由美國的研究者提出的觀點。他們詳細分析了白堊紀及第三紀（新生代）的界線地層中的元素，找到了「銥」這種在地球表面很少，但在隕石裡含量較多的元素。雖然當時這只是一個假說，不過在一九九一年時，從墨西哥的猶加敦半島到加勒比海之間的地下，發現了因撞擊而產生的隕石坑，又在墨西哥灣周邊找到了巨大海嘯的痕跡等，接二連三找到的線索，顯示隕石撞擊真的發生過。於是，在白堊紀末期究竟發生了什麼事，似乎變得非常明確。

▼由於隕石的撞擊，讓地球環境有了很大的變化，原本支配陸地的恐龍們也被逼入滅絕的境地。

巨大隕石的撞擊讓地球環境有了極大的變化

掉落到地球上的隕石大小約直徑十公里。這次的撞擊形成了直徑約兩百公里的隕石坑。散布於大氣中的大量粉塵遮蔽了太陽光，讓地球的環境產生巨變。有不少研究者認為，就是由於植物枯萎、食物減少等原因，讓恐龍無法承受這種變化而滅亡。此外，一般認為在那之前，印度周邊的大規模火山爆發也讓環境長期惡化，隕石的撞擊則使影響變得更大，也極有可能是多種原因重疊在一起造成恐龍的消失。

不光是恐龍，蛇頸龍、翼龍等爬蟲類或鸚鵡螺類等多數物種也在同時期滅絕。而另一方面，鱷魚、烏龜等爬蟲類、魚類、兩生類、鳥類或哺乳類等部分生物則存活了下來。雖然一般認為滅絕的主要是體型大或是需要大量食物的物種，不過對於究竟是什麼因素形成滅絕與生存的分界點，則還不清楚。

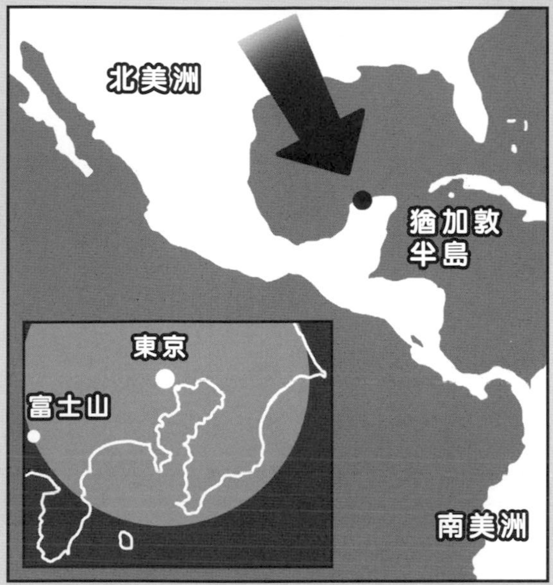

▲因隕石撞擊而形成的隕石坑直徑約為 200 公里。若是它掉落在日本東京的話，關東地方有一半會落在隕石坑中。

特別專欄

恐龍也存活下來了？

在恐龍滅絕之後，有了爆發性演化的是哺乳類動物。在恐龍時代的哺乳類，體型最大的也只有貓般大小，屬於小型動物，且多半是夜行性。一般認為牠們是藏身於森林茂密處，躲避恐龍生活著。但是在恐龍滅絕之後，牠們得以自由進出威脅者已經消失的場域，數量及種類增加，一邊大型化一邊構築起繁盛的時代。

但是，不能忘記的是從恐龍演化而來的鳥類。鳥類現在的種類是陸生脊椎動物中最多的，約為 10,000 種。牠們適應各種不同的環境而生活著，包含極地在內。恐龍演化成鳥類，至今也仍然在持續演化中。

大雄與小恐龍

距今約一億年前的白堊紀時代……
地球是爬蟲類的天下。其中又以暴龍為爬蟲類之王！
你們看，這是暴龍爪子的化石。
哇啊！就是這個嗎？
這真的是恐龍身體的一部分？
是真的嗎？
在猶他州的恐龍公園挖到的。
是我爸爸從美國買回來送我的喔。

恐龍時代通行證Q&A

Q 雙葉鈴木龍從發現到確定名字為止，總共花了38年。這是真的？假的？

好棒喔。讓我仔細瞧一瞧。
ヒョイ
※咻
喔……
這在幾億年前是活生生的動物啊！
下一個換我！
我要看、讓我看！
真了不起的東西。
靜香，換妳看。
看著它，就好像真的身處於那個時代一樣。
我可以想像，一群如小山般巨大的恐龍，正穿越茂密的蕨類叢林……
看夠了嗎？快點給我看嘛！
該收起來了。
這麼貴重的東西，要是弄壞可就麻煩。
我還是第一次看到這麼棒的東西。
如果還想看，隨時歡迎你們來。
什麼嘛！不過是個爪子化石，有什麼好驕傲的！

你們都給我聽好!!
我要自己挖出恐龍化石!!
等著看，不只是爪子，我要挖出整隻恐龍的化石!!
……………
糟糕，我又說大話了，每次只要不服輸，我就會忍不住賭氣亂講……
既然話已經說出口，我也只好硬著頭皮去找!!
一定要找到才行!!
你又來了！說大話的時候，都不先考慮自己有多少能耐啊!?
事情就是這樣……
只有哆啦A夢是我的救星啊!!

※磕頭拜託

A 真的。雖然現在的名稱和學名都叫做雙葉鈴木龍，不過以前並沒有學名，只有俗名。詳見第87頁。

Q 雙葉鈴木龍有可能是不產卵的。這是真的？假的？

恐龍根本不曾在日本存在過！
更別說找到牠的化石！
你真的是…
該說是不負責任……
做事輕率！
又冒失！
算了！
事到如今也沒有退路了。
我一個人去找！
太古的動物
發現恐龍
尋找化石的方法
怪獸圖鑑
那些書是從哪裡找來的啊……
居然堆得像山一樣高……
我想那些書他看了大概也是一知半解……
可能很快就會感到厭煩而放棄了吧…
不過能夠想要憑自己的力量解決，這點還是值得稱讚！
就算失敗也沒關係！
我會以溫柔的目光守護你的！

※站起

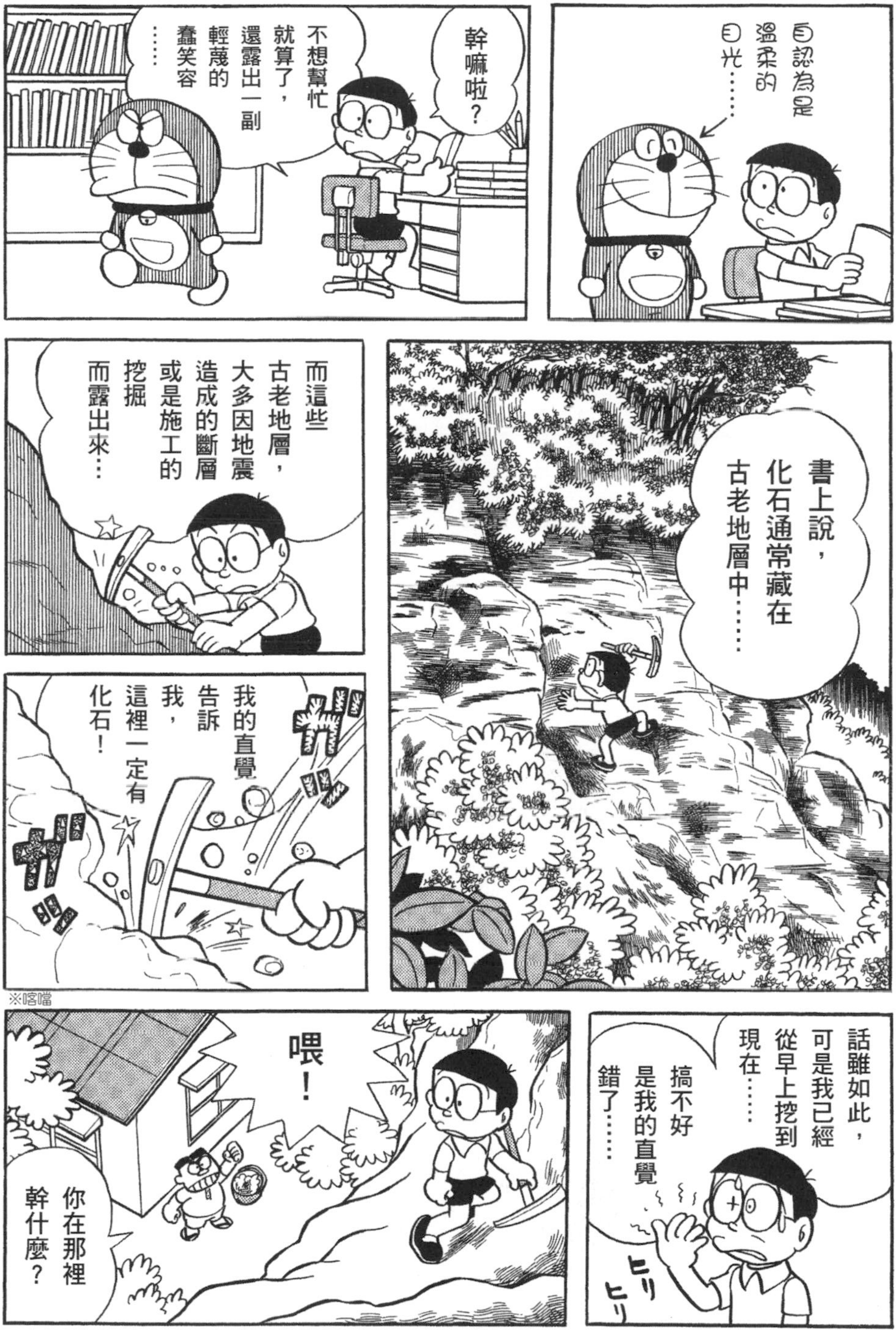
自認為是溫柔的目光……
幹嘛啦？
不想幫忙就算了，還露出一副輕蔑的蠢笑容……
書上說，化石通常藏在古老地層中……
而這些古老地層，大多因地震造成的斷層或是施工的挖掘而露出來…
我的直覺告訴我，這裡一定有化石！
※喀噹
話雖如此，可是我已經從早上挖到現在……
搞不好是我的直覺錯了……
喂！
你在那裡幹什麼？

A 真的。爬蟲類為了產卵，有必要爬到陸地上。牠們也有可能不上岸到陸地，而在海裡面生產。

我正覺得奇怪，
怎麼一早就不斷有泥土掉到屋頂和庭院……
正好我也覺得挖累了想放棄。
這可不是你說停手就能算了！
你要我怎麼做？
這個嘛……
那你就幫我挖個洞，
讓我倒垃圾。
會碰到這種倒楣事，
都是因為哆啦A夢……
不肯……
幫我的忙…
※硬梆梆
我找到恐龍蛋了！

恐龍時代通行證Q&A
Q
蛇頸龍脖子這麼長，是因為牠們像長頸鹿一樣每塊頸骨都變長。這是真的？假的？

A 假的。牠們是以增加頸骨數目讓脖子變長。長頸鹿的頸骨只有7塊，但是蛇頸龍中有些種類的頸骨數目多達70個以上。

※電鈴聲
※敲門聲
小夫！小夫！
小夫不在家喔。
伯母，請妳跟他說我有東西要給他看，叫他快點來。
挖到恐龍蛋，就等於擁有一隻恐龍吧！
你看！這是什麼東西！
這可是我自己挖到的喔！
怎麼樣？對我刮目相看了吧！
可是，你怎麼知道……
這個是恐龍蛋呢？
可能只是一般的石頭……
就算真的是化石，也可能只是古代果實所形成的。
搞不好是古代象的大便。

不相信就算了！
話說回來，的確還沒確認過是不是真的！
哆啦A夢！
我該怎麼辦？
這不是「時光布」嗎……
對了，之前有用過！被這個包起來的東西，會回復到以前的狀態！
只要讓這個化石回復到一億年前的狀態，
就能知道是什麼了。
這樣才對嘛！
最近你實在是太依賴我了。
再這樣下去，你永遠都無法獨立自主的。
希望他能自己思考，憑自己的力量克服困難！
而我只要暗中守護著他就行了。
怎麼這麼慢啊……
不過，要回到一億年前，這也是理所當然的吧。

Q 雙葉鈴木龍和牠們的同類脖子都很長。這是真的？假的？

A 假的。在雙葉鈴木龍的同類中，也有頭很大、脖子很小的種類喔！詳見第90頁。

Q

恐龍時代在空中飛的翼龍，是地球上首次在空中飛行的生物。這是真的？假的？

※抖動

A 假的。首次在地球上飛行的生物是昆蟲類。若以脊椎動物來說，在古生代就已經出現具有在空中滑翔能力的爬蟲類。

※劈吱啪啦　※劈吱　※劈吱

嗶……
嗶嗶。
如何？看到了吧！
其實不難嘛！叫一聲「咕」來聽聽看！
咕！
這實在太驚人了！
牠是蛇頸龍的一種，叫做「雙葉鈴木龍」！
生長於白堊紀時代的日本外海。

※音同「GOOD」。

恐龍時代通行證Q&A

Q 翼龍中的羽蛇神翼龍展翅有10公尺長，重量卻和人類的成人差不多。這是真的？假的？

A 真的。一般認為牠們的骨骼內部中空，很輕，體重大概只有70公斤左右。

恐龍時代通行證Q&A

Q 翼龍的英文屬名*Pteranodon*這個字，是源自「無牙有翼」的意思。這是真的？假的？

A 真的。由Ptera（翅膀）＋don（牙齒）＋no（沒有）而組成*Pteranodon*（翼龍）。是因為牠沒有牙齒而得名。

嗶——嗶！
噓！
讓媽媽發現的話，會被丟出去的！
乖，趕快睡覺好嗎？
我回來了！
嗶～～！
讓牠一直住在狹窄的衣櫃裡，好可憐喔。
好想帶牠去散步喔……
要是大家知道我在養恐龍，恐怕會成為全日本，不，應該是全世界的話題吧。
可是這樣小嗶就會被帶走喔。到時候，學者可能會以研究的名義解剖牠，或把牠關在動物園讓人觀賞……

恐龍時代通行證Q&A

Q 據說翼龍是為了像鵜鶘那樣以喙部撈魚來吃而沒有牙齒。這是真的？假的？

A 假的。像是翼龍中的雙型齒龍就有大牙齒和小牙齒，並以「兩種類型的牙齒」命名。

舒服吧？小嗶。
這是我幼稚園時用過的游泳池喔。
※啪沙啪沙
大雄～！
體驗一下小時候玩水的感覺。
哎呀！好懷念喔……
你給我老實招來!!
最近冰箱裡的魚、肉、怎麼一下子就消失了……
你是不是偷養狗還是貓？
我發誓絕對沒有偷養狗或貓！
如果跟媽媽說我養恐龍，我想她大概會嚇壞吧……
養這麼大，已經沒辦法再偷偷摸摸了啦。
差不多了吧……
……
還早呢！我要把牠養得更大，才能讓小夫他們心服口服！

恐龍時代通行證Q&A

Q 不用翅膀而用翼膜飛行的翼龍，是同樣使用翼膜飛行的蝙蝠的遠祖。真的？假的？

A 假的。翼龍是爬蟲類，蝙蝠是哺乳類。翼龍是以很長的無名指撐起翅膀，蝙蝠則是以手指間的膜形成翅膀。

我把小嗶放到公園的池塘了。
我告訴牠，除了我叫牠之外，絕對不能把頭探出來。
而且池塘裡食物也比較多……
這樣真的好嗎……
ザザザ
※沙沙沙
嗶！
ザザザザ
※沙沙沙
原來你能用腳步聲認出我啊？
好乖好乖！很寂寞吧！
只能在晚上來找你，真對不起。今晚的點心是香腸喔。

盡量笑吧！
今天晚上一定要讓你們嚇破膽!!
※唰～
ザァー
然而，那天晚上我發燒了，今天已經是第三天……
好大的雨啊！
辛苦你了，你有幫我餵小嗶吧？
嗯！
可是牠都不吃。
牠好像很想你。
真是糟糕啊！
小嗶！
你要去哪裡啊？
大雄別這樣！
ヨロ ヨロ
要是二次感冒怎麼辦？
感冒治好前，得好好休息才行！
小嗶……
※搖晃
ドサ
※咚！

恐龍時代通行證Q&A

Q 翼龍降落到地面上的時候，是用手腳在地上爬動。這是真的？假的？

A 真的。經由調查研究腳印化石，發現牠們很可能是用手腳在地上爬行。

恐龍時代通行證Q&A

Q 鳥類在地球出現的時間是在支配天空的翼龍滅絕後、進入新生代開始。這是真的？假的？

喂～小夫!!
今天晚上讓你看約定的東西!!
明天是星期天，他已經去輕井澤玩了。
靜香也去一天一夜的旅行!?
他去打工，跟爺爺去山上砍柴了……
有人看到……
公園的池塘…!?
哇啊!!
公園的池塘有怪獸!?
生物學界認為這是不可能存在，因此予以否定。
但是隨著謠言的擴散，相關當局也無法置之不理……
ガーン
明天將派出潛水人員到池塘裡搜尋……

※吃驚

A 假的。鳥類在翼龍存在的侏儸紀時期就已經出現了。

這、這下要怎麼辦啊!?
你問我，我問誰啊？
是你養的恐龍耶！
你自己要負責!!
我不能再猶豫了，如果希望小嗶獲得幸福……
只有一個辦法！
嗶嗶～！
噓！
「縮小燈」給我！
ピカ
※亮

小嗶！
這裡才是
屬於你的世界。
在這裡，
你一定要過得
幸福喔。

恐龍時代通行證Q&A

Q

哺乳類在恐龍繁盛的時代即登場。假如化石的下顎骨只有一塊，那是哺乳類或爬蟲類？

A 哺乳類。哺乳類祖先的下顎骨雖然是由複數的骨骼形成，但是一部分成為耳骨，下顎骨則變成一個。

再見，你要好好保重……
嗶……
※搖搖晃晃
ドスッ
ドスッ
※咚咚
啊！你不可以跟過來啦!!
ピョコ
ピョコ
我說不可以就是不可以啦！
快放開我！
我這麼說你還聽不懂嗎？你再靠近我就打你喔!!
嗶嗶。
嗶！
嗶！
嗶！

嗶—
嗶—
嗶—
這次所發生的事情，大雄完全沒有依賴我，是靠自己思考來採取行動。這一點有很大的意義。
希望你往後也能更加獨立……
無論做任何事都憑自己的力量……
哆啦A夢，快拿出用鼻子吃義大利麵的道具啦！
發下豪語之前，要先衡量一下自己做不做得到啊！

插圖／高橋加奈子

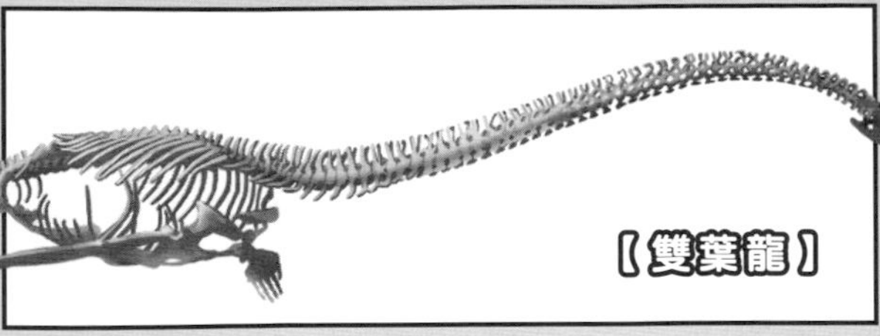
【雙葉龍】

▲ 找到大約占全身 7 成的骨骼，保存狀態也很良好。

我的直覺告訴我，這裡一定有化石！

雙葉龍的發現者是個高中生？

當時還是高中生的「鈴木同學」從「雙葉」這個地層中發現的！

雙葉鈴木龍的化石發現於一九六八年十月六日。發現者是當時還是高二生的鈴木直同學。

鈴木同學之前也曾發現過爬蟲類或鸚鵡螺化石，他在福島縣磐城市的大久川河岸邊發現了有塊寬度達一點五公尺的骨頭暴露在外。他立刻和日本國立科學博物館的研究者聯絡，大約花了兩年，才挖出幾乎是全身的骨骼。「雙葉鈴木龍」這個名稱就是由鈴木同學的姓，加上發現化石的「雙葉層群」這個地層名所取的俗名。在那之前，大家都認為日本應該不會找到恐龍或那個時代的大型爬蟲類化石。而顛覆這種想法有了重大發現的人，居然是個高中生，真是讓人大吃一驚呢！

特別專欄

雙葉鈴木龍與雙葉龍之間的關係為何？

「雙葉龍」和「雙葉鈴木龍」雖然名稱不同，其實指的是同一種動物。由於生物的名字在不同國家會有不一樣的稱呼，稱為俗名，所以研究者會幫它們取個世界共通的名字，稱為學名。「雙葉鈴木龍」是其在日本的俗名，在命名學名時以其日文俗名的拼音做參考，命名為「*Futabasaurus suzukii*」，中文譯為「雙葉龍」。因此接下來在這本書中都不稱牠為「雙葉鈴木龍」，而是稱牠為「雙葉龍」喔！

※ 譯註：學名一定是拉丁文，屬名的字首大寫，種小名的字首小寫，要用斜體字或加底線標示。

雙葉龍是恐龍嗎？

【帆龍】
插圖／菊谷詩子

▲ 帆龍身上有帆也有鱗片，但不是爬蟲類，而是哺乳類的遠祖。全長 1.7 ～ 3.3 公尺。古生代二疊紀前期。

雖然不是恐龍，卻也有被稱為恐龍的時期！

雖然漫畫的標題是寫成「大雄的恐龍」，不過牠其實不是恐龍，而是和蛇頸龍同類的爬蟲類。那麼，為什麼會取「大雄的恐龍」這樣的標題呢？

在講答案之前，請大家先看一下上面的插圖。這是稱為異齒龍或帆龍的生物，生存時代比恐龍早一點。雖然牠們有時也被稱為「具有帆的爬蟲類」，但牠們不僅不是恐龍，也不是像恐龍或蛇頸龍般的爬蟲類。牠們被稱為單弓類，是哺乳類的古老遠祖。

在對恐龍及其時代的生物有了更深的認識之後，最近許多人已經懂得把恐龍叫成恐龍，把蛇頸龍叫成蛇頸龍了。不過在對恐龍知識還不太清楚的時期，講到蛇頸龍，大部分的人都不知道牠們和恐龍其實是不一樣的，通常都會把蛇頸龍、翼龍、單弓類通通合在一起通稱為「恐龍」。明明就是蛇頸龍，卻在標題上被稱為恐龍，大概是由於「恐龍」這個詞，已經被用來代表「恐龍時代的生物」了吧！

▼ 在大雄的台詞中也有出現，即使是蛇頸龍，通常也是被稱為恐龍。

如果跟媽媽說我養恐龍，我想她大概會嚇壞吧……

雙葉龍是蛇頸龍，用變成鰭狀的四肢在海中游泳

雙葉龍在蛇頸龍之中，也是屬於脖子長度很超群的薄片龍類。牠們的身長大約七公尺，似乎是在八千五百萬年前左右的白堊紀後期棲息於日本的近海中，以吃魚或是烏賊類維生。

由於蛇頸龍的前腳、後腳都變成鰭狀，所以也曾經被稱為「鰭龍」。雖然原始的蛇頸龍應該是扭動身體游泳，不過在習慣了水中生活且前腳和後腳變成鰭狀之後，就變得很擅長游泳了。此外，牠們的長脖子是由很多骨頭組成，在牠們的同類薄片龍的脖子裡，骨頭還多達七十六塊。雖然目前已經找到雙葉龍全身大約百分之七十的骨骼，但是很遺憾的，還沒找到牠們長脖子的骨頭。在鈴木同學發現牠的時候，可能已經被河川的水流給削掉了吧！

此外，在雙葉龍的化石周圍也找到了許多的鯊魚牙齒，其中還有一部分的牙齒插在骨頭上。一般認為牠有可能是遭受到鯊魚攻擊，或者是在死亡之後遭受鯊魚的啃咬。

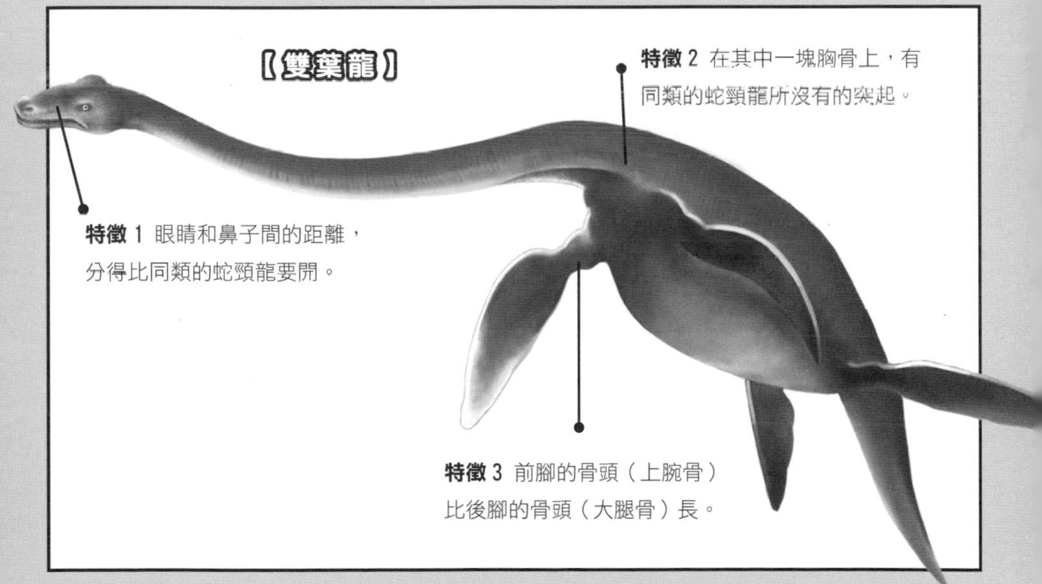
【雙葉龍】
特徵 2 在其中一塊胸骨上，有同類的蛇頸龍所沒有的突起。
特徵 1 眼睛和鼻子間的距離，分得比同類的蛇頸龍要開。
特徵 3 前腳的骨頭（上腕骨）比後腳的骨頭（大腿骨）長。

插圖／高橋加奈子

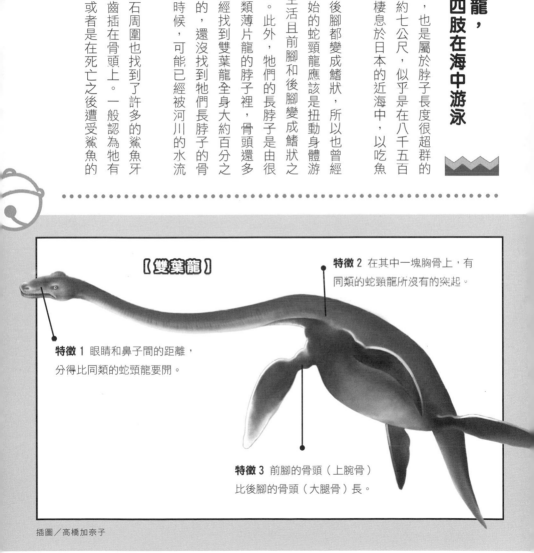

在中生代，支配海與空的是爬蟲類？

和鮪魚及鯊魚酷似的海生爬蟲類——魚龍

雖然外觀看起來和魚很像，不過魚龍是爬蟲類，一輩子都在海中度過，為了要游泳追逐獵物，演化成具有像魚一般的流線型身體。哺乳類的海豚有著像魚一般的體型，也是基於同樣的原因。

魚龍雖然是爬蟲類，卻不是卵生，而是胎生。不同於海龜等生物為了要產卵會到陸地上。由於魚龍是在水中直接生產下一代，所以沒有到陸地上的必要。

【大眼魚龍】

▲ 大眼睛是其特徵。全長約 3.5 ～ 6 公尺。侏儸紀後期。

插圖／福田裕

習慣水中生活的爬蟲類——蛇頸龍中也有脖子短的同類

比魚龍晚出現，在白堊紀時期，位於海洋生態系頂點的是蛇頸龍。不過雖然都是屬於蛇頸龍類，還是有分成長脖子的蛇頸龍類，和頭大脖子短的上龍類。但不論何者，都是前腳、後腳均呈鰭狀，在海中游泳度日。

雖然牠們平時是吃魚或烏賊，不過好像也會抓其他海生爬蟲類或是翼龍來吃。

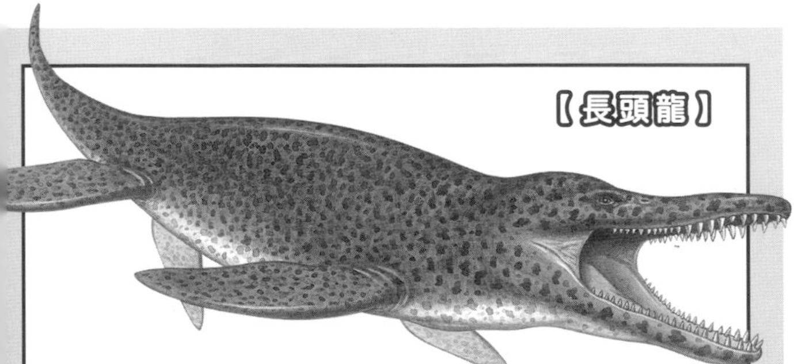
【長頭龍】

在短脖子的上龍類中體型最大。全長約 10 公尺。白堊紀前期。

插圖／福田裕

蜥蜴、烏龜、鱷魚類也在水中或水邊生活

蜥蜴、蛇、烏龜或鱷魚等現在還存活著的爬蟲類也登場了，棲息在與恐龍同時代的地球上。在這裡就介紹一些棲息在海中或水邊的代表性動物。由於在陸地上除了恐龍以外，還有各種各樣的爬蟲類棲息著，所以自己也要去查查看喔！

【滄龍】

生活於海中的蜥蜴類。全長約 4 ～ 7 公尺。白堊紀後期。

【古巨龜】

目前所知最大的龜類，全長約 4 公尺。白堊紀後期。

【恐鱷】

住在水邊會攻擊恐龍的最大型鱷魚。全長約 8 公尺。白堊紀後期。

插圖／福田裕

空中的爬蟲類——翼龍不是用羽毛，而是以翼膜在空中飛行

在恐龍時代，支配天空的是爬蟲類中的翼龍。牠們也是在哺乳類、爬蟲類、鳥類、魚類等具有脊椎骨的動物中，最先飛行的一類。

那看起來像翅膀的，其實是長在身體與長長無名指之間的膜。雖然目前對牠們的飛行方式還不了解，不過有人認為體型小的種類，應該會像鳥類一樣拍打翅膀飛行。

翼龍還可細分為尾巴長的喙嘴翼類和尾巴短的翼手龍類。

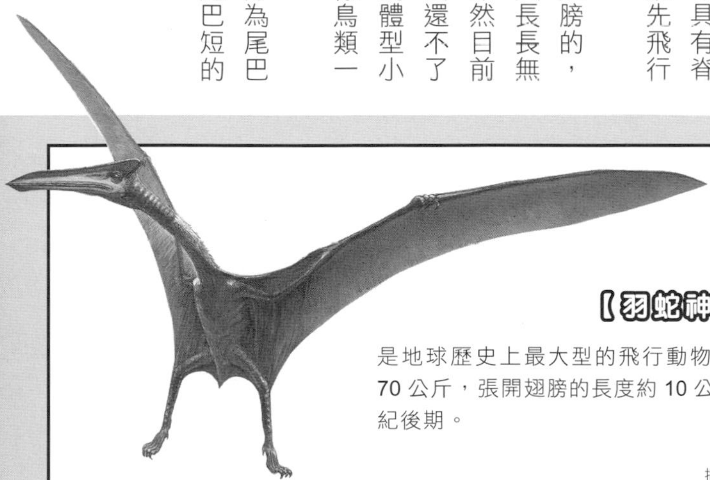

【羽蛇神翼龍】

是地球歷史上最大型的飛行動物。重量約 70 公斤，張開翅膀的長度約 10 公尺。白堊紀後期。

插圖／風美衣

要餵牠吃什麼呢…
這個嘛……

在中生代的恐龍時代，哺乳類也誕生了

在恐龍繁盛的中生代之前的古生代，支配著陸地的是盤龍類。而盤龍類其實是哺乳類的遠古祖先。

盤龍類在古生代末期幾乎全部滅絕，只有體型小的種類存活了下來。從這些殘存的動物中再演化、誕生出哺乳類。哺乳類的誕生是在三疊紀後期，當時的種類應該是只有老鼠般大小的動物。

【摩爾根獸】

▲原始的哺乳類，似乎是以植物為食。全長約 17 公分。三疊紀後期。

插圖／高橋加奈子

特別專欄

中生代也有已經滅絕的哺乳類

盤龍類或獸弓類雖然也是哺乳類的祖先，卻不是哺乳類。現存的哺乳類只有單孔類、有袋類、有胎盤類而已，但是在恐龍時代還有像多瘤齒獸類等其他哺乳類存在。

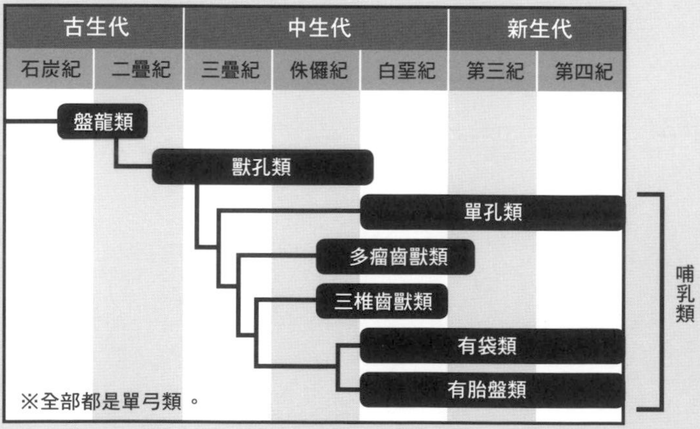
古生代
中生代
新生代
石炭紀
二疊紀
三疊紀
侏儸紀
白堊紀
第三紀
第四紀
盤龍類
獸孔類
單孔類
多瘤齒獸類
三椎齒獸類
有袋類
有胎盤類
哺乳類
※全部都是單弓類。

耳朵和腦比爬蟲類發達！哺乳類在漆黑處也能到處活動

剛登場的哺乳類雖然體型很小，卻有恐龍或大型爬蟲類所沒有的優良特徵，那就是耳和腦。

爬蟲類在聽聲音時使用的是單一耳骨，但是哺乳類則有從顎骨再度形成的另外兩塊耳骨，讓聽力變得更好。哺乳類的腦也變大，也許是為了要在恐龍們睡覺的夜晚能夠到地上活動所致。

Z～
Z～
草叢那邊有恐龍在睡覺耶！

體型變大，甚至有會吃恐龍的哺乳類！

稍早之前的研究認為，生活於恐龍時代的哺乳類體型都很小，那是為了要避免被恐龍發現，以便能夠悄悄生存下去。可是到了近期，研究發現當時已經有身體長達一公尺，在當時算是大型哺乳類的動物存在，並且發現牠們也會吃恐龍的寶寶。

雖然和巨大的恐龍比起來，牠們還是算小隻，不過哺乳類並不是只能從恐龍身邊逃開而已。

▼正在吃鸚鵡龍寶寶的強壯爬獸。全長約 0.5 ～ 1 公尺。白堊紀前期。

【強壯爬獸】
※實際上，在化石中發現會吃恐龍的，是更小型的強壯爬獸。

插圖／伊藤丙雄

哺乳類生寶寶的方式有三種？

這的確是恐龍蛋！
好！我要把牠孵出來！

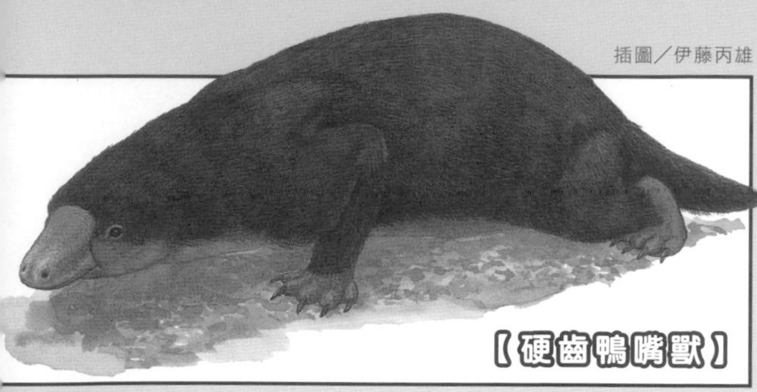
【硬齒鴨嘴獸】

插圖／伊藤丙雄

▲由顎骨的化石得知牠們是單孔類。全長約 35 公分。白堊紀前期。

產卵的單孔類 用肚子上的袋子育幼的有袋類

現在存活著的哺乳類分成單孔類、有袋類、有胎盤類這三大類別。牠們最大的不同是生小孩的方式，而在恐龍時代，這三類其實就已經區分出來了。

最初登場的就是單孔類。牠們明明是哺乳類，卻不是胎生而是產卵。包含已滅絕的哺乳類在內，牠們是最原始的哺乳類，現今只剩下鴨嘴獸和針鼴而已。

有袋類則會產下發育非常不完全的寶寶，到長大為止都在媽媽的育兒袋中生活。大家都很熟悉的袋鼠和無尾熊都是屬於有袋類。袋鼠的胎兒在剛出生時只有一到兩公分，卻會長到將近兩公尺大呢！

▼有袋類。似乎是行樹上生活。全長約 12 公分。白堊紀前期。

【中國袋獸】

插圖／伊藤丙雄

在媽媽肚子裡養育胎兒的 有胎盤類動物終於登場

有胎盤類動物是胎兒在媽媽肚子裡長到一定程度之後，再由媽媽把寶寶生下來的哺乳類。人類也是有胎盤動物。現在最繁盛的哺乳類都是有胎盤類。由於胚胎到某個程度大小前，都是由媽媽用自己的肚子保護著，所以寶寶存活的機率就高，而這也是有胎盤類的強項。

特別專欄

從恐龍時代就已經不停增加的有胎盤類

關於哺乳類演化的研究最近有急劇的進展。到近期為止，科學家一直都以為哺乳類是在恐龍滅絕後距今約 6000 萬年前開始分成鯨豚、獅子、猴子等各種不同的類群。不過由於最近的化石調查有了新的進展，再加上基因研究，便知道哺乳類應該是在恐龍還存活的一億年前起的短暫時間內，就已經出現了各種不同類群。這是一個今後還能期待有更多新發現的領域。

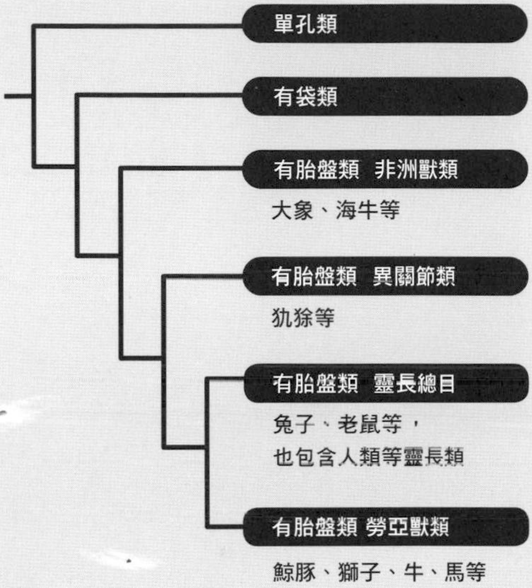
單孔類
有袋類
有胎盤類　非洲獸類
大象、海牛等
有胎盤類　異關節類
犰狳等
有胎盤類　靈長總目
兔子、老鼠等，
也包含人類等靈長類
有胎盤類　勞亞獸類
鯨豚、獅子、牛、馬等

特別專欄

胎盤是甚麼？

胎盤是連接母親和胎兒之間的器官，當有胎兒形成時，在母親的子宮中就會有胎盤形成。胎兒是透過胎盤從母親身上獲得成長時所必要的營養。

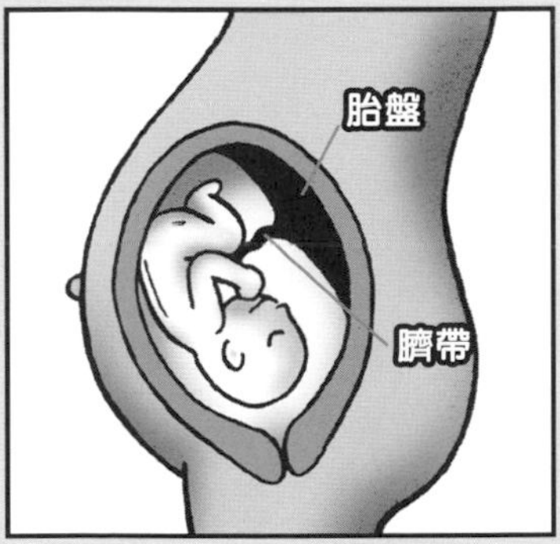
胎盤
臍帶

插圖／伊藤丙雄

【帶齒獸】

▲ 雖然胎盤並沒有留下化石，不過一般認為這是還在演化過程中的有胎盤物種。全長約 10 公分。白堊紀後期。

目前已知的哺乳類動物大約有四千三百種，其中四千種是有胎盤類。單孔類則只有在澳洲才有，有袋類在澳洲及南美洲才有，但是有胎盤類卻是在世界各地都可以見到。

發現恐龍腳印

朝日新聞
21980号
11版
発見!!恐竜の足
大新聞耶!!
大家看!這個新聞很驚人吧?是恐龍腳印的化石呢!
你怎麼現在才在驚訝啊?
你仔細看看這是何時的新聞吧!
大雄老是慢半拍。
害我被人家嘲笑,
舊報紙以後別隨便亂放了啦。

Q 恐龍的腳印只會留在地面溼軟的水邊。這是真的?假的?

A 假的。腳印會不會殘留下來，是依照上面是否被堆積物覆蓋、自然埋葬來決定，並不是依水分決定的。

「時光腰帶」。
把按鍵調到九千萬年前的世界…
ヒョン
※咻
這是剛才那裡嗎？
嗯，是九千萬年前喔。
然後在附近灑上「岩石速成元素」。
哇啊！我陷下去了！
要趕在岩石硬化前，取得恐龍腳印。

恐龍時代通行證Q&A

Q 恐龍的骨頭和恐龍的腳印，在日本先發現的化石是哪一種？

A 骨頭。日本是在一九七八年首次發現恐龍的骨骼化石。腳印則是在一九八五年。詳見第111頁。

得快點找到恐龍才行，
太慢的話就採集不到恐龍腳印了。
快找吧！
真的要找恐龍的時候一隻都找不到！
嘎吼！
哪有這樣突然出現的！太詐了啦!!
ドカッ
ドカッ
※咚咚
糟糕…剛剛灑過「岩石速成元素」的地方在哪裡啊？
哇啊!!

不好了！得快用「空氣砲」救他⋯
ボ
ン
※砰
吼吼吼！
雖然把恐龍嚇跑了⋯
沒收集到腳印⋯
只印到了大雄的全身。
最近發現了神祕的化石，看起來像是猴子摔倒的痕跡，
但是九千萬年前根本沒有猴子，所以引發大爭議⋯
G

這個化石，難道是男性巨人的那個嗎？

巨人？還是大象？充滿謎團的化石究竟是誰的？

漫畫裡大雄在看到報紙上「發現恐龍腳印」的報導時大為興奮，那麼，在這裡有個問題。寫這則報導的記者，要是不知道在太古的地球上曾經有過恐龍這種生物的話，在看到這個腳印的時候，會寫出什麼樣的報導呢？也許就寫成「發現巨人的腳印」了呢！

其實這是真實發生過的事件。人類知道有恐龍的存在，僅僅是兩百年前的事。上圖的素描，畫的是三百年前就已經被挖掘出來的恐龍大腿骨化石，而當時的人們根本不知道有恐龍的存在，所以就以為這個是巨人兩腳之間的「那個」的化石，或者是大象的骨頭。在這裡，讓我們一起來看看恐龍研究的歷史。

圖版提供／富田京一

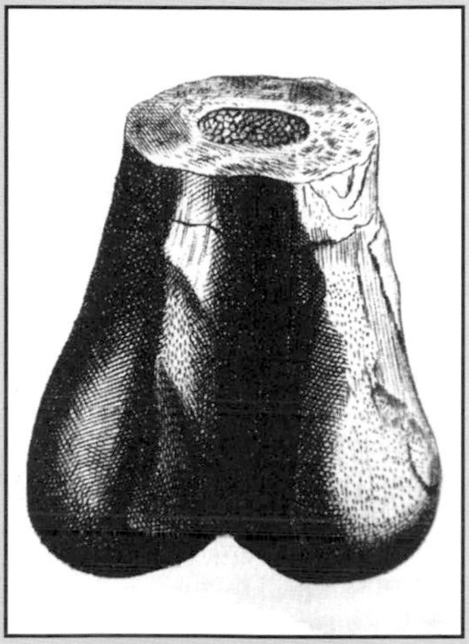

▲斑龍的大腿骨化石。在1677年時就已經有這塊化石了。這張素描是在江戶時代的日本發表的。

首次被發現的恐龍是……？

從顎骨的形狀，突然開竅得知牠是巨大的爬蟲類！

還是有人注意到前頁介紹的斑龍化石其實並不是巨人或大象，而是屬於其他未知生物，那就是英國學者威廉・巴克蘭（William Buckland），以及法國的學者喬治・居維葉（Baron Georges Cuvier）。

一八一八年，這兩個人看著斑龍的顎骨，從牙齒相似的排列方式以及換牙的狀況，發現這是巨大爬蟲類的化石。而後巴克蘭在一八二四年，幫這個未知的生物取了一個意指大型蜥蜴的「*Megalosaurus*」的名字並發表。由於這次的發表，人們才首次知道在太古時代的地球上，曾經有巨大爬蟲類生活過的事實。

【斑龍】

插圖／枡村太一

▲上圖是從前的復原想像圖。由於只找到部分的化石，所以認為牠們既然是爬蟲類，應該就是用四腳步行。下圖則是現在的復原圖。

恐龍第二號是因爲齒型而被認成哺乳類

第二位幫恐龍命名的是英國醫師吉迪恩・曼特爾（Gideon Algernon Mantell）。他找到的牙齒化石，其實是植食性恐龍的牙齒。但當時大家還不太知道有以植物為食的爬蟲類，於是從它的大小就認為是哺乳類的化石。

之後他又找到許多牙齒，再將其與蜥蜴類的鬣蜥牙齒做比對，發現兩者極為相似，進而判斷那是巨大爬蟲類的牙齒，並以代表鬣蜥牙齒意思的「*iguanodon*（禽龍）」來幫牠命名。

插圖／桝村太一

【禽龍】

現在的復原印象圖。從前牠們前腳的趾頭被認為是角。

從「大得可怕的蜥蜴」誕生了「恐龍」這個名字

當時雖然有斑龍等這種已經有名字的恐龍，不過還沒有「恐龍」這種稱呼。「恐龍」這個名詞是在一八四二年由英國學者理查・歐文（Richard Owen）所命名的。歐文著眼於恐龍的腰部骨頭等特徵，想要把牠們整合在一個類群之中，並把這個類群的名字，用「大得可怕的蜥蜴」的意思，取名為「恐龍（Dinosauria）」。

特別專欄

經過翻譯之後，「蜥蜴」就變身成「龍」了！

雖然被歐文取了「Dinosauria」這個名字，不過在日本，到底是誰、在什麼時候開始有「恐龍」這個稱呼的呢？

很遺憾，對於究竟是誰取了這個名字，至今仍不清楚。不過在1894年出版的書中，橫山又次郎使用了「恐龍」這個詞，是現階段最早的紀錄，並由此得知在那之前就已經有恐龍這個稱呼了。

此外，據說雖然在英文中的意思是指「大得可怕的蜥蜴」，但是在日文中並沒有只用一個字就能代表蜥蜴的漢字，於是就用了「龍」這個字。

※譯註：中文的恐龍二字，是沿用日文的「恐竜」而來的。

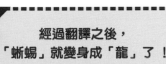

恐龍的化石是怎麼形成的？

死亡的恐龍被掩埋後成爲骨頭再出現於地面上

①恐龍死亡

在水邊死亡或是順著河流漂下來的恐龍屍體，會被順水流過的砂土掩埋。在內陸死亡的恐龍，有時也會被火山灰或沙塵暴掩埋。

②被土掩埋變成骨頭

在掩埋的過程中牠們的肉被吃掉、內臟腐爛，只有骨頭等堅硬部分殘留下來，而骨頭會因重量和熱，讓周圍土壤的成分滲入骨頭中，成為沉重如石頭般的化石。

③地面活動

地面會由於地球內部活動等因素隆起或彎曲。在長久的歲月中，含有化石的地層有時會在地表附近出現。

④化石被發現

當含有化石的地層出現在地表附近，地層被河川的水流或風雨沖刷，造成化石暴露在外時，如果被認得化石的人找到，就是化石的發現。要發現化石，必須有這類偶然事件接二連三的發生，所以這是非常需要運氣的事。

被發現的恐龍骨骼在被清理乾淨後重新組合

①挖掘出找到的骨頭

為了不要傷到化石，工作人員是用鎚子和鏟子來挖化石。在發掘現場先把骨頭連同周圍岩石一起挖出，用石膏固定以免撞壞，再帶回博物館或研究室中持續進行作業。

②清除骨頭周圍的岩石

運用各種不同鑿子、刀子，或是像牙醫用的那種小鑽子來把化石周圍的岩石清除乾淨。這個作業稱為化石清理。化石的清理曠日費時，通常必須花上很多年的時間才能完成。

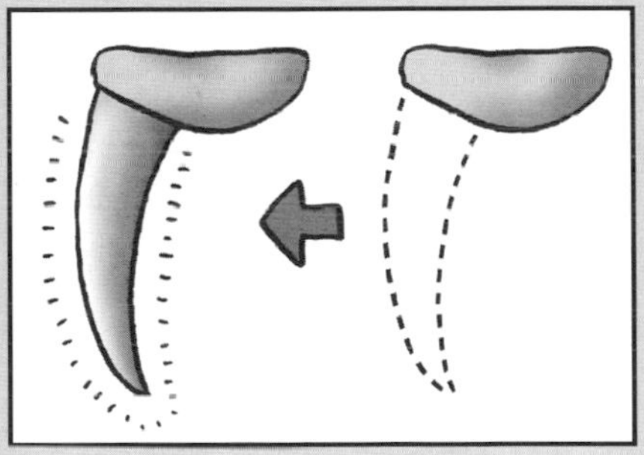

③製作沒找到的骨頭

並不是所有的骨頭都會變成化石被找到。找不到或是缺少的部分，可以用同類恐龍的化石為原型，以黏土等材料做好以後補上去；而碎裂的骨頭則是先組合過後再放到該放的位置上。

④製作複製品來組合

真正的化石是貴重的研究資料，再加上那其實很重，很難組合，所以會先用樹脂等材料來作複製品，再把骨骼標本組合起來。從發現化石到做好骨骼標本為止，需要很多人花上很多年的時間才能夠完成。

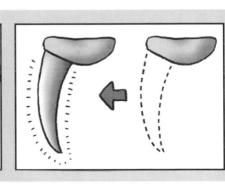

為什麼能從恐龍化石得知牠們的生活型態？

從骨頭的形狀可以推測出恐龍的能力與生活

從化石也能夠看出恐龍的運動能力。左圖是指從膝蓋骨就能得知恐龍的行走速度，差別在於讓肌腱通過的骨頭凹陷部位。上圖由於凹陷大，即使在激烈運動下肌腱也不會脫離，表示可以快速行走。而下圖的凹陷小，若是運動太激烈，肌腱就會脫落，所以只能慢慢行走。

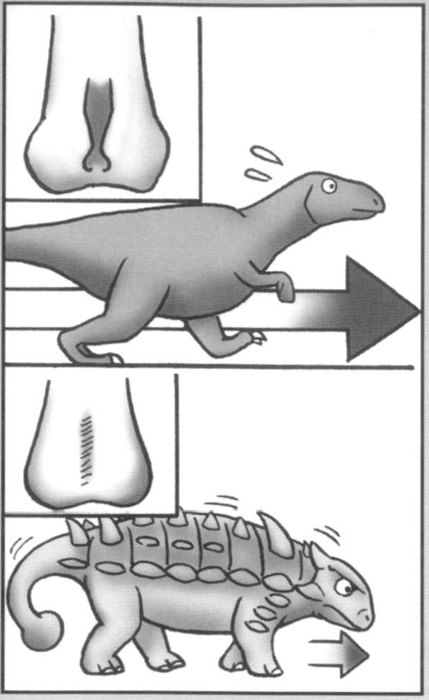

鱗片和羽毛也會變成化石，顯示了恐龍的外觀

恐龍的內臟或皮膚等柔軟部分很難變成化石留下來，可是卻有完整留下皮膚痕跡的腳印化石，或是由於已經木乃伊化連皮膚也變成化石的紀錄。在中國曾發現被極為微細的火山灰掩埋，連羽毛痕跡都留下來的恐龍化石。正是因為太多偶然與巧合，才讓我們看見了恐龍的真面目。

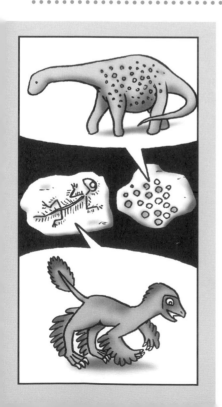

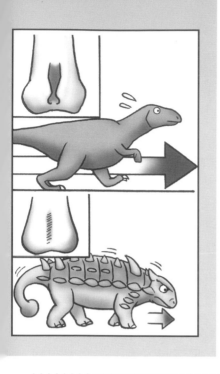

恐龍的胃、樹木、糞便化石等，都能用來推測牠們的食物

有時候從恐龍化石的胃中，會發現石頭或是更小生物的化石。肚子裡的石頭被認為可能是植食性恐龍幫助消化用的；而肚子裡的生物要是能夠確定物種，就能知道牠們獵捕了哪些動物來吃。不只是恐龍的化石而已，從樹木化石上殘留的齒痕，或是恐龍的糞便化石，都有可能得知牠們的食性。

從腳印估計行走速度或族群大小，恐龍研究能否有開創性的進展？

從恐龍的腳印也可以知道恐龍化石無法告訴我們的祕密。要是有很多同種恐龍的腳印朝著同一個方向，就可以推測那種恐龍可能是成群活動的；若是腳印很分散，也許表示牠們是單獨行動。此外，從腳印的間隔也可以推測出牠們是用走的，還是用跑的；或是看出牠們跑的時速大概是多少等等。

對恐龍的研究若是能夠有開創性的進展，有些一直無法解開的謎題就能夠有所突破。最典型的例子就是恐龍的體色。

到目前為止，大家對恐龍實際的顏色都沒有定論。即使有找到木乃伊化連皮膚都殘留下來的恐龍化石，但經過長久的歲月，顏色早就褪光了。可是在二〇一〇年，對有羽毛的恐龍的羽毛表面做了詳細調查之後，科學家發表了一篇研究報告，斷言說可以從中推定恐龍的體色。當然，還是有很多未解之謎。

不過，在讀這本書的讀者之中，也許有人會在將來復原出恐龍活生生的姿態喔！

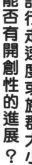

在日本也發現過恐龍化石？

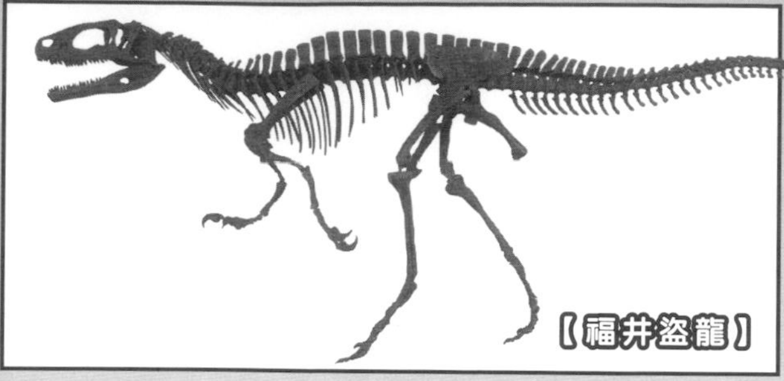

▲於 2000 年時確定學名，全長約 4.2 公尺。白堊紀前期。

攝影／福井縣立恐龍博物館

在一道十六縣※中發現過恐龍化石 有學名的恐龍也有二種

先稍微把話題扯遠一下。日本列島是以火山岩及由海洋堆積而成的海成層占了地表面積的大部分。這一直被認為是在日本找不到恐龍等大型爬蟲類化石的最大原因。

可是日本也有部分地區可以看見中生代的地層。在那裡發現到的恐龍化石，讓狀況有了很大的改變。

日本首次發現恐龍化石是發生在一九七八年。岩手縣的岩泉町發現了蜥腳類的上腕骨。這隻恐龍其實不知道究竟是哪一種恐龍。由於找到的化石很少，所以在沒辨識出種類的狀態下先給牠一個「茂師龍」的暱稱。不過這個發現給了大家「在日本也找得到恐龍化石」的希望。

直至今日，日本光是恐龍化石，就有一道十六縣

特別專欄

眞的有以日本爲名的恐龍嗎？

1934 年，在北海道北方的庫頁島上發現了恐龍的化石。雖然庫頁島現在是屬於俄羅斯的領土，但是由於發現當時是日本的領土，所以就被取名為「日本龍（*Nipponosaurus sachalinensis*）」。

攝影／小林快次（北海道大學綜合博物館）

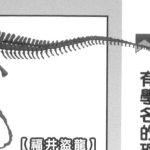

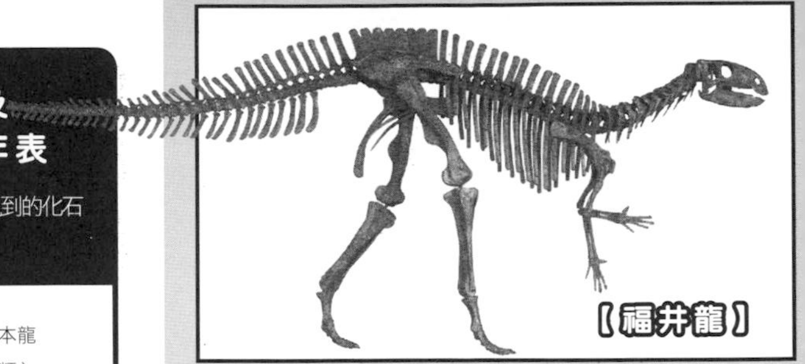

▲於 2003 年確定學名，全長約 5 公尺。白堊紀前期。
攝影／福井縣立恐龍博物館

有過發現紀錄。以新種恐龍來說，像是「福井盜龍」、「福井龍」、「白峰龍」、「福井巨龍」等這些在學名中含有日本地名的恐龍也陸續登場了。

※譯註：日本的行政區分成四十七個都道府縣。一道一都二府分別為北海道、東京都、京都府、大阪府，再加上四十三個縣。

還找到了雙葉鈴木龍等蛇頸龍及魚龍的化石

如果把恐龍時代的大型爬蟲類也算進來，其實在發現茂師龍之前，就發現過蛇頸龍中的雙葉鈴木龍、魚龍和海生爬蟲類的化石。日本首次發現恐龍時代的大型爬蟲類，是在一九三九年於宮城縣發現的海生爬蟲類，被稱為「幻龍」。可是這個化石後來居然下落不明，據說是在第二次世界大戰期間不見的，真是令人吃驚！

日本主要恐龍及滅絕爬蟲類發現年表

發現年、調查開始年／發現地／發現到的化石
（非恐龍者為其種類）

1934 ●庫頁島（當時為日本領土）／日本龍
1939 ●宮城縣柳津町／幻龍（海生爬蟲類）
1952 ●宮城縣南三陸町／志津川魚龍（魚龍）
1966 ●福井縣福井市／手取龍（陸生蜥蜴）
1968 ●福島縣磐城市／雙葉龍（蛇頸龍）
1970 ●宮城縣南三陸町／哥津魚龍（魚龍）
1976 ●北海道三笠市／三笠海怪龍（海生爬蟲類）
1978 ●岩手縣岩泉町／茂師龍的上腕骨
1979 ●熊本縣御船町／獸腳類的牙齒
1981 ●群馬縣神流町／似鳥龍類的脊椎
1982 ●石川縣白山市／獸腳類的牙齒
1985 ●群馬縣神流町／恐龍的腳印
1986 ●福島縣廣野町／鴨嘴龍類等
●福島縣磐城市／蜥腳類的牙齒
1988 ●福井縣勝山市／獸腳類的牙齒
●岐阜縣高山市／鳥腳類
1989 ●福井縣勝山市／福井龍、福井盜龍等
●岐阜縣白川村／恐龍的腳印
1990 ●富山縣富山市／恐龍的腳印
●福岡縣宮若市・北九州市／獸腳類的牙齒
1991 ●北海道小平町／鴨嘴龍類的骨盆等
1993 ●山口縣下關市／恐龍的腳印
1994 ●群馬縣神流町／棘龍類的牙齒
●長野縣小谷村／恐龍的腳印
●德島縣勝浦町／禽龍類的牙齒
1995 ●北海道夕張市／結節龍類的頭骨
●富山縣富山市／日本最大規模的恐龍腳印
1996 ●福島縣南相馬市／獸腳類的腳印
●福井縣大野市／暴龍類的牙齒
●三重縣鳥羽市／蜥腳類
1997 ●熊本縣天草市／植食性恐龍的脛骨等
1998 ●石川縣白山市／棱齒龍類的頭骨
2000 ●北海道中川町／鐮刀龍類的爪子
2004 ●兵庫縣淡路島／鴨嘴龍類的下顎等
2007 ●兵庫縣篠山市・丹波市／獸腳類的牙齒等
2007 ●和歌山縣湯淺町／獸腳類的牙齒
2009 ●鹿兒島縣薩摩川內市／獸腳類的牙齒等

※此表所列以該地域的首次發現為主

日本主要恐龍與滅絕爬蟲類發現地圖

❶ 北海道中川町／鐮刀龍類的爪子
❷ 北海道小平町／鴨嘴龍類的骨盆等
❸ 北海道三笠市／三笠海怪龍（海生爬蟲類）
❹ 北海道夕張市／結節龍類的頭骨
❺ 岩手縣岩泉町／茂師龍的上腕骨
❻ 宮城縣南三陸町／哥津魚龍（魚龍）
❼ 宮城縣南三陸町／志津川魚龍（魚龍）
❽ 宮城縣柳津町／幻龍（海生爬蟲類）
❾ 福島縣南相馬市／獸腳類的腳印
❿ 福島縣廣野町／鴨嘴龍類等
⓫ 福島縣磐城市／雙葉龍（蛇頸龍）、蜥腳類的牙齒
⓬ 群馬縣神流町／似鳥龍類的脊椎、恐龍的腳印等
⓭ 長野縣小谷村／恐龍的腳印
⓮ 富山縣富山市／日本最大規模的恐龍腳印等
⓯ 石川縣白山市／棱齒龍類的頭骨、獸腳類的牙齒等
⓰ 福井縣勝山市／福井龍、福井盜龍、蜥腳類的牙齒等
⓱ 福井縣大野市／暴龍類的牙齒等

⓲ 福井縣福井市／手取龍（陸生蜥蜴）
⓳ 岐阜縣白川村／恐龍的腳印
⓴ 岐阜縣高山市／鳥腳類等
㉑ 三重縣鳥羽市／蜥腳類
㉒ 兵庫縣篠山市・丹波市／獸腳類的牙齒等
㉓ 兵庫縣淡路島／鴨嘴龍類的下顎等
㉔ 山口縣下關市／恐龍的腳印
㉕ 德島縣勝浦町／禽龍類的牙齒
㉖ 福岡縣宮若市・北九州市／獸腳類的牙齒等
㉗ 熊本縣御船町／獸腳類的牙齒等
㉘ 熊本縣天草市／植食性恐龍的脛骨等
㉙ 和歌山縣湯淺町／獸腳類的牙齒
㉚ 鹿兒島縣薩摩川內市／獸腳類的牙齒等

地球製造法

恐龍時代通行證Q&A

Q 被期待可能具有生命體存在的土星衛星是哪一個？①泰坦（又稱土衛六）②迪歐尼（又稱土衛四）③恩希拉達思（又稱土衛二）

A ③恩希拉達思。她是被冰覆蓋住的土星衛星，一般認為在冰的下面有液體的水，是可能有生命存在的天體。

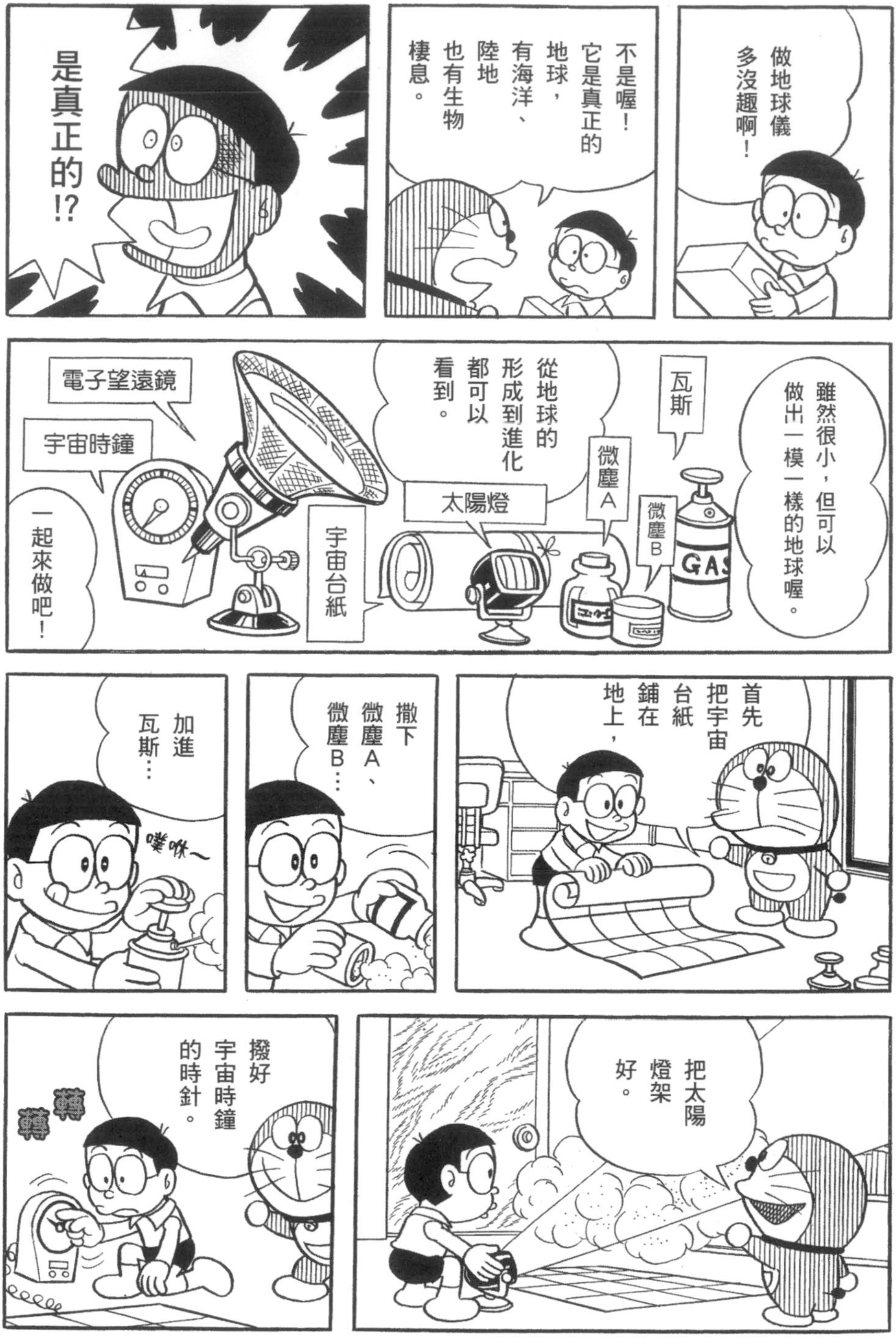
做地球儀多沒趣啊！
不是喔！它是真正的地球，有海洋、陸地也有生物棲息。
是真正的!?
雖然很小，但可以做出一模一樣的地球喔。
瓦斯
微塵B
微塵A
從地球的形成到進化都可以看到。
太陽燈
宇宙台紙
電子望遠鏡
宇宙時鐘
一起來做吧！
首先把宇宙台紙鋪在地上，
撒下微塵A、微塵B……
加進瓦斯……
噗咻～
把太陽燈架好。
撥好宇宙時鐘的時針。
轉轉

恐龍時代通行證Q&A

Q 太陽系之外發現了被水覆蓋的行星，它距離地球幾光年？

① 2

② 20

③ 200

A ② 20光年。那是被稱為葛利斯581g的行星，含有遠比地球大量的水，因此似乎有很深的海洋，沒有陸地存在。

我在做地球喔！是地球喔！
你們快來過來看吧！
他說在做地球！
什麼跟什麼啊！
把時間加快一點！
轉轉
差不多冷卻了，來看看吧！
這就是電子望遠鏡。
啊！已經開始有火山活動了。
也下起大雨。
接著就形成海洋，裡面有⋯⋯

Q

除了臭氧層，還有別種東西保護地球上的生命，不受有害宇宙射線的破壞。這是真的？假的？

你看，生命誕生了！
漸漸增加，
外形也變得複雜。
馬上就會有植物出現。
真是太有趣了！
地球形成後，過了四十分鐘。
宇宙時鐘一分鐘是一億年，也就是說已經過了四十億年，所以…
現在看到的是五億年前被稱做古生代的時候。
再把宇宙時鐘調到三十分以後。

A 真的。從北極與南極附近釋放出強烈的地磁氣，把地球整個包覆住。這個磁氣圈保護地球的生命不受宇宙射線的侵害。

恐龍時代通行證Q&A

Q 距今10億年前的地球，一天有幾個小時？

①10小時 ②20小時 ②30小時

A ②20小時。月球的引力導致漲潮與退潮，也因為這個影響，讓地球的自轉速度一點一點的變慢。

恐龍時代通行證Q&A

Q 原始地球的大氣主要成分二氧化碳，在現在地球大氣中占百分之幾？

① 0.03 ② 0.3 ② 3

A

① 0.03%。在大氣中含量最多的是氮，約為78%、氧約為21%、氬0.93%，然後是二氧化碳。其他還含有氖及氦。

那些看起來像烏鴉又像蝙蝠的東西也是我做的囉？
沒錯！
這麼說…
我就是這個世界的神了！
※冒出頭
噓！
差一點就被發現了。
能夠看到這種景象太棒了！胖虎他們看到的話一定會嚇到跳起來吧！

真是的！

在抵達地球的太陽能之中，地球吸收到的有多少？①約50%②約70%③約90%

哇啊！？

※猛晃

把它扔了。

啊！

哇～好大的地震！

※滾滾

※咚

怎麼回事？

恐龍們開始慌忙逃跑了。

※嘎

※吱呀

※嚄

※咕咿

A ②約70％。地面或雲大約會反射30％。所以當大氣中的微塵增加的時候，被反射的能量也會增加，讓地球變冷。

開什麼玩笑啊！
把人家帶到這裡來，這下又回不去，太不負責任了！
是你自己說想來看看的！
ブブウ
※噗噗噗
※碰

恐龍時代通行證Q&A

Q

假如南極冰河全部融化，海面大概會上升幾公尺？

①15

②45

③65

A

③65公尺。南極大陸的冰河占了地球所有冰河的將近90%。假如融化的話，陸地的面積會遽減。

變成泥巴球了。
如果他沒有做出地球，
我就要他好看。
小夫他們……
真是的，怎麼不早點來。
這塊黏土就是你做的地球？
真不愧是大雄！啊哈哈！
隨便你們說吧！我不想辯解了。

生命是怎麼在地球上誕生的？

太陽系中唯一的水的行星——地球

成為生命根源的物質到底是什麼呢？碳、氫、氮……，讓生命成形的元素，在這個宇宙中都很常見，也是太陽系中每個行星上都有的元素。

既然如此，為什麼只有地球上充滿了生命呢？關鍵在於大量的水。

沒錯，就是由於地球上有海洋。要是沒有海洋的話，成為生命根源的元素既不會混合，也不會發生化學反應讓生命誕生。此外，若是沒有海洋，剛誕生的生命體應該也沒有辦法忍受原始地球的嚴酷環境。

那麼，又為什麼只有地球有海洋呢？

那是因為地球是一個保有適當「大小」和「與太陽之間距離」的岩石行星。假如沒有能夠維持住大氣的大小（重力），蒸發的水就會逃逸到宇宙之中。要是離太陽太近的話，在高溫之下，水也會蒸發掉。相反的，假如距離得太遠，水又會變成冰，沒辦法形成濃度高的大氣。

正因滿足這些條件，才誕生出有海洋與生命的地球。真的，也許這在宇宙之中，也是非常稀有的行星呢！

為什麼地球以外的行星沒有水？

水星：距離太陽太近，而且重量大約只有地球的 18 分之 1。水蒸氣會立刻蒸發掉。

金星：雖然大小足夠，但是距離太陽太近。約為地球 2 倍的太陽光會讓水蒸氣蒸發掉。

火星：重量約為地球的 9 分之 1。距離太陽稍微有點遠，水蒸氣立刻會冷卻結冰。

木星型行星：在重力太大的氣體行星中，氫氣會被封閉在星球內部。

生命誕生的契機——大撞擊

地球的誕生，是在距今大約四十六億年前。超新星爆炸後飛散到宇宙中的無數微塵與氣體，因彼此的引力碰撞結合在一起而成為微行星，再繼續反覆撞擊之後，就成長成行星。

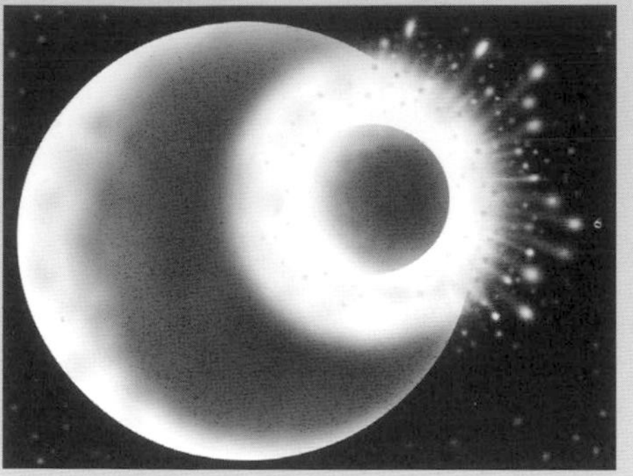

▶由於大撞擊而形成了月球及新的化合物。

可是在誕生一億年之後，還是岩漿團般的地球上，發生了不得了的事情。

那就是大撞擊（Giant Impact），一個約火星大小的原始行星撞擊了地球。由於這非常劇烈的撞擊而被撞飛到宇宙中的巨大岩石，後來變成了月球，剩下的成為隕石群再度掉落到

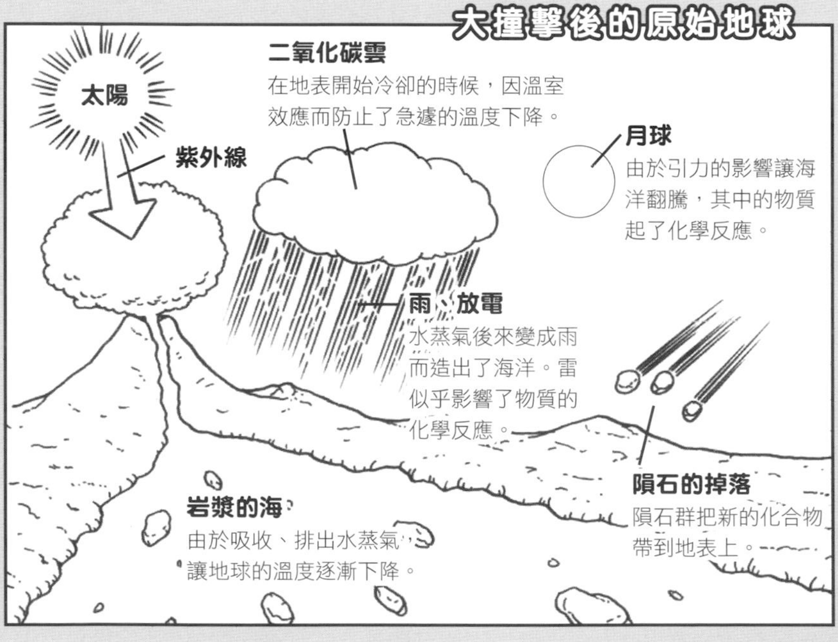
大撞擊後的原始地球
二氧化碳雲
在地表開始冷卻的時候，因溫室效應而防止了急遽的溫度下降。
太陽
紫外線
月球
由於引力的影響讓海洋翻騰，其中的物質起了化學反應。
雨、放電
水蒸氣後來變成雨而造出了海洋。雷似乎影響了物質的化學反應。
隕石的掉落
隕石群把新的化合物帶到地表上。
岩漿的海
由於吸收、排出水蒸氣，讓地球的溫度逐漸下降。

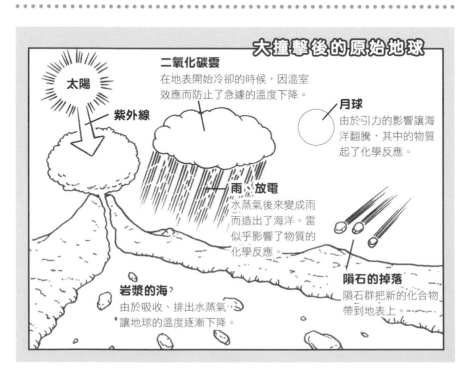

地球上。這事件若是發生在現代的話……

大撞擊這件事光是想像就已經很恐怖了，卻被科學家認為這是生命誕生的契機。例如隕石群中含有因大撞擊的衝撞能量而產生的新生化合物，如胺基酸、碳水化合物等，都是生命不可或缺的化合物。此外，科學家們也認為，比現在更為接近地球的月球，其所產生的引力很激烈的攪動著海洋，才引發了後來讓生命誕生的化學反應。

三十八億年前，劇毒的海洋中誕生了最初的生命！

當岩漿團般的地球逐漸冷卻，大氣中的水蒸氣一口氣變成雨而落到地面上，那是超出想像的大豪雨。雖然不知道那場豪雨總共下了多久，不過一般認為至少在三十八億年前，地球上就已經有海洋形成。

但是那與大家所知的現代海洋截然不同。由海底火山冒出了甲烷、硫化氫、氫化氰和氯酸鉀等物質溶入海中，形成劇毒的海洋。一般認為最初的生命是在被稱為熱液礦床（hydrothermal deposit）的海底火山附近的海洋區域誕生的。

所謂熱液礦床，是被岩漿團加熱的海水從海底裂縫冒出來的場所，水溫約為攝氏四百度，在海水中含有高濃度的硫化氫及金屬離子。生命的誕生，似乎有必要用到這種高熱水的循環，以及硫酸化礦物的能量。

實際上，在現代地球的熱液礦床中也被證實，其中有著會把硫化氫變成活動能量的原始性細菌，或是和這類細菌共生，從細菌獲取能量的管狀的蟲，稱為管蟲。

特別專欄

生命誕生的機率？

即使環境、素材都準備好了，實際上也不一定能夠有生命誕生。關於生命誕生的機率，有一種說法是：那就像把手錶的零件丟進水槽裡，在攪拌之後做出一隻手錶來的機率一樣。這麼說來，生命的誕生只能稱它為「奇蹟」了！

你看，生命誕生了！

大氣中的氧氣真的是由生物製造出來的嗎？

利用太陽能！光合作用生命體的誕生

三十八億年前，地球上誕生的最初生命體（具有自我複製能力的單細胞生物），是把周圍的有機物攝入自己的體內生活。此外，稍微演化了一點的生命體，是選擇硫化氫做為能源。不過不論是哪一種，牠們的存在都只是靠著僅有的些許能量，反覆進行自我增殖，在太古的海洋中漂盪而已。

不過到了三十五億年前左右，生命完成了最初的大型演化。那就是藍綠菌的誕生。

在這個時期，地球的環境正在進行很大的改變。原本很小的陸地彼此碰撞，逐漸成長為大陸。從陸地有大量的鈣和鈉流入海中，大氣中的二氧化碳也因此開始被海洋吸收。此一現象所造成的結果，是二氧化碳的厚雲變薄，太陽光開始強烈照射到地球上。會利用這種太陽光的，就是藍綠菌。藍綠菌是利用太陽能製造出糖分（能量），再把氧氣當成廢棄物釋放出來。換句話說，就是會行光合作用的生命體。

若是藍綠菌沒有誕生的話，原始的生命體應該就會把僅有的食物吃光光，然後滅絕吧！所以使用太陽能進行的光合作用，被稱為是在生命演化中「最大的豐功偉業」。

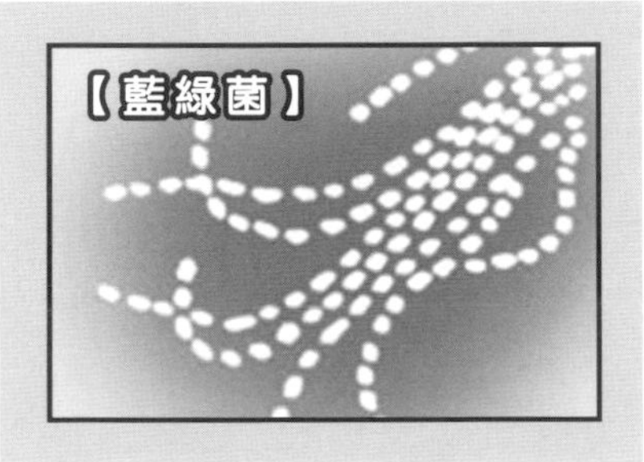

【藍綠菌】

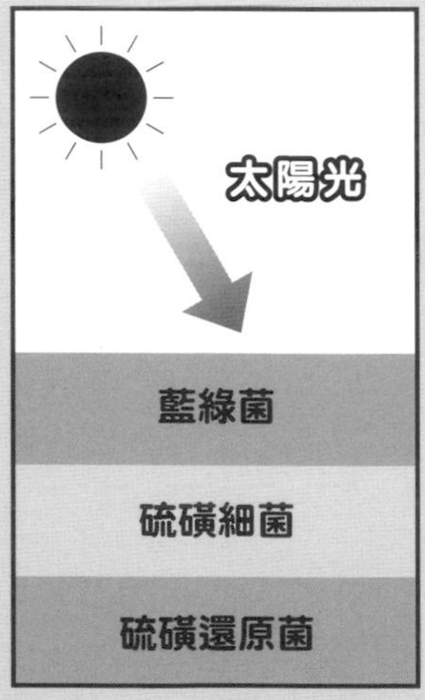

太陽光
藍綠菌
硫磺細菌
硫磺還原菌

▲ 這是細菌棲位示意圖。最原始的硫磺還原菌若接觸到氧就無法生存。硫磺細菌是以硫化氫進行光合作用的細菌。

光合作用所帶來的地球環境劇烈變化

我們要活下去，氧氣是不可或缺的要素，但是在三十八億年前的地球上並沒有氧氣。對於在熱液礦床中產生的原始生物來說，氧氣反而才是劇毒。由於以藍綠菌為首的「行光合作用生命體」登場，才讓地球環境開始有了劇烈的改變。

能夠自己產生能量的藍綠菌，增殖力非常驚人。似乎在一瞬間，藍綠菌就像覆蓋整個海底般的拓展了它們的棲息範圍（在澳洲二十七億年前的地層裏，發現有高達四十公尺的藍綠菌屍體層）。

因為如此，原本為大氣主要成分的二氧化碳逐漸被吸收，取而代之的是在海水及大氣中充滿了被排出的氧氣。

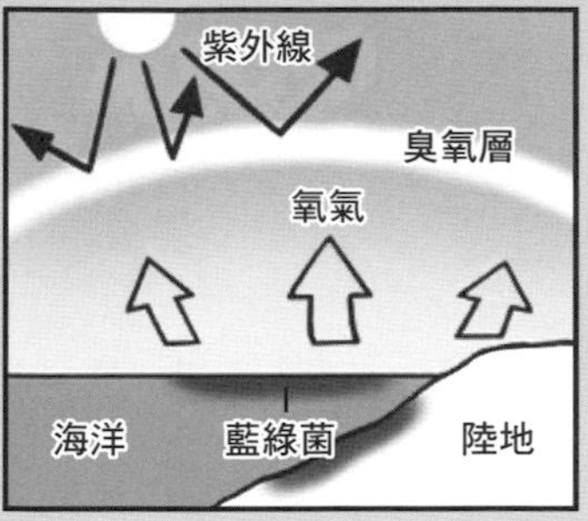
紫外線
臭氧層
氧氣
海洋
藍綠菌
陸地

▶二十八億年前，藍綠菌的大量發生，讓生物的棲息區域有了極大幅度的拓展。

後來這些氧氣形成了臭氧層，能夠防護對生物來說很危險的紫外線。在這之後，藍綠菌又再次大量產生，層層疊疊的藍綠菌屍體改變了地表與海底的土壤。然而在另一方面，沒辦法適應氧氣這種劇毒的原始生物，就只能在熱液礦床等有限的區域中生活了。

至此，地球的環境有了很大的改變。而這樣的新環境，將生物引導至接下來的演化之路。

特別專欄

藍綠菌是史上最成功的生物

位於生態系頂端的人類，其實稱霸的歷史只有短短的 15 萬年。那些恐龍也在不到 2 億年的時間就滅絕了。假如生物的目的是要留下基因，那麼現在還活著的藍綠菌，應該稱得上是生物界的王者了吧！

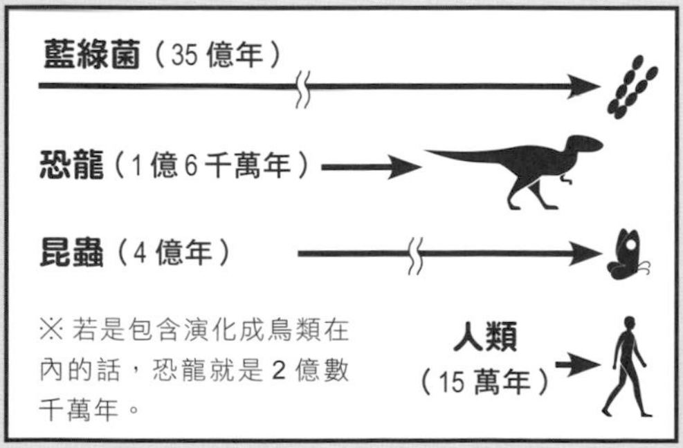
藍綠菌（35 億年）
恐龍（1 億 6 千萬年）
昆蟲（4 億年）
※若是包含演化成鳥類在內的話，恐龍就是 2 億數千萬年。
人類（15 萬年）

原始地球上的生物怎麼進行演化？

弱肉強食的開始　誕生了靠氧氣活動的生物

一般認為當藍綠菌產生氧氣的時候，只具有柔軟外膜的其他細菌會盡可能想要逃離這種劇毒，反而是一部分具有堅固外殼的細菌會果敢的跳入這樣的新環境。

一定有許多個體在嘗試錯誤的過程中喪命。不過到了最後，在這些勇敢的開拓者中，能夠適應且成功的把氧氣攝取到體內的新種細菌出現了。

氧氣所產生的能量是硫化氫的二十倍，新種細菌利用這種龐大的能量提升了運動能力，以敏捷的動作捕食其他細菌，選擇了更能獲得能量的肉食細菌之路。

從這個瞬間開始，弱肉強食的世界就展開了。為了要在嚴酷的生存競爭中殘存下來，生物們開始摸索各自的演化之路。

被肉食細菌盯上的厭氧性（無法適應氧氣）細菌，首先選擇了和同類結合變大，再製作新的外膜來保護基因的方式，也就是核（位於細胞中心，塞滿了基因情報的場所）。接下來的演化，是把理應扮演捕食者角色的肉食細菌攝入自己體內。這是一種條件交換的共生關係，在把對方大約八成的基因移到自己的核裡，也同時從肉食細菌中獲得能量（附帶說明一下，攝入體內的肉食細菌被稱為粒線體）。

就這樣適應了原本為大敵的氧氣，獲得能安定能量的厭氧性細菌，也從此踏上了從單細胞生物變成多細胞生物的大幅度演化之路。

七億五千萬年前左右　動物終於誕生了！

一般認為地球上最早出現的動物，是在大約七億五千萬年前誕生的真核生物。它是具有核膜與粒線體的單細胞生物。自從生命誕生以來，花了三十億年以上的時間，還是只存在著不用顯微鏡就看不見的微小生物。不過從這裡開始，動物的演化就加速了。牠們演化出在細胞內具有各種各樣的器官，複數的細胞分別扮演不同角色的多細胞生物，而且在僅僅一億七千萬年後就出現了多樣的動物。那就是被稱為伊迪卡亞動物群的生物們。若是連分不清究竟是動物還是植物的物種在內，數量約為三十種。牠們和現在哪種生物有關係或是完全沒關係，都尚未被研究證明。

▲ 1947 年，在澳洲南部 5 億 8000 萬年前的地層中，發現了各種各樣的動植物化石。

伊迪卡亞動物群的生物

【帕文柯利納蟲】

▼ 體長約 2.5 公分。雖然長得很像三葉蟲，卻是沒有腳的謎樣生物。

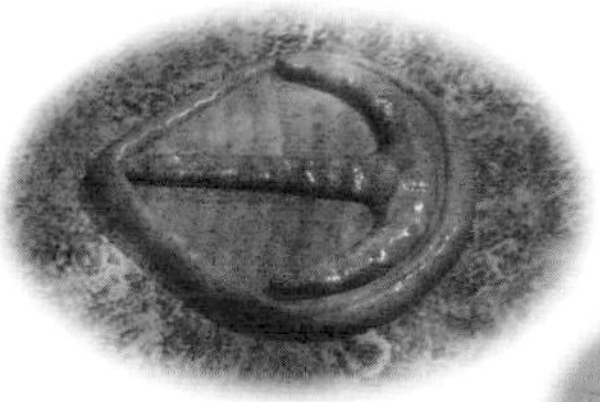

【狄更遜擬水母】

▼ 扁平的生物，貼在海底生活。體長最大為 60 公分。

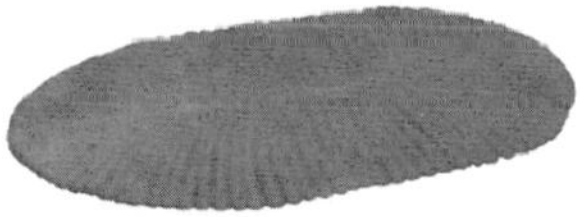

【查尼歐海筆石】

▶ 體長約 1 公尺。以像球根的部分站在海底。

【侯若帝斯起珠狀蟲】

◀ 像念珠般連在一起的奇特動物。一個的長度最大為 1 公分。

【三腕盤蟲】

◀ 據說是像海綿般的生物。體長約 5 公分左右。

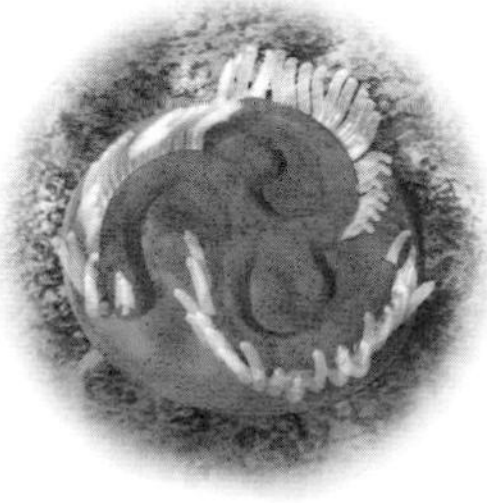

【雙羽蕨蟲】

▶ 有一半會潛在覆蓋海底的細菌層之下。體長 6 公分以上。

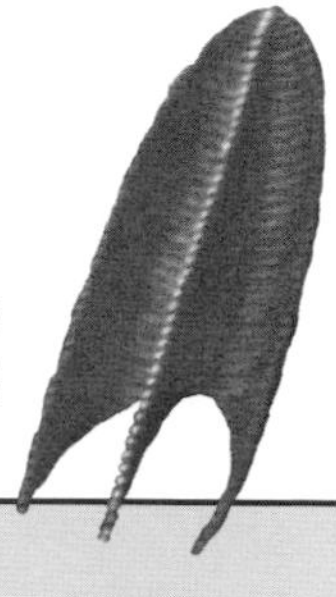

插圖／月本佳代美

遠古漂流記

會不會有船來救我們啊？
這裡是一億年前耶，人類都還沒誕生。
怎麼可能找得到啊？大海茫茫怎麼可能找得到你放的浮標啊！
不要老是跟我唱反調，快點幫忙想想辦法！
哪有什麼辦法啊，沒有「任意門」，「竹蜻蜓」也沒帶。
都是你啦！明明知道要大冒險，卻什麼也沒帶。
我剛好在整理口袋，就把大部分的道具拿去維修了嘛！
沒有可以使用的道具嗎？

還有「時光腰帶」可以用啦…
這也是時光機的一種吧？
這樣就能回到二十世紀啦！
是回得去啦…
但是會回到哪裡才是大問題！
它只能跳躍時間，不能轉換空間。
那不就一點用都沒有！
到了二十世紀，這種小島早就消失了，
回去也只是溺死在海裡而已。
吵死了!!
追根究底還不都是你，要不是你說……
太不負責任了！沒準備好就帶人家來這裡！

恐龍時代通行證Q&A

Q 人類遠古的祖先是體內具有骨頭的脊索動物。和人類有相同祖先的是？①海鞘 ②海星 ③海葵

A

①海鞘。海星是具有5條腕足的棘皮動物。海葵則是和稱為刺胞動物的珊瑚同類喔！

大發現！
這一定是享譽世界，獲得諾貝爾獎的大發現！
我在學校後山找到魚跟貝類的化石！
有什麼稀奇的？
化石本身雖然不稀奇，
不過給我一個驚人的啟示。
讓我想到鐵定能獲得諾貝爾獎，是至今沒有任何學者發現的新學說！
喔～～說來聽聽。
我發現這地方距離海洋起碼幾十公里以上，
在那個地方有魚貝類，就表示……
在遠古時代魚貝類是生長在陸地上的！
為什麼現在會生長在海洋裡呢？
是因為有一天像今天這麼熱，牠們跑去海邊游泳，
由於實在太舒服了，就住了下來…

※咻

Q 在5億年前左右登場的原始魚類，不具有下列什麼部分？①尾鰭 ②鰓 ③顎

※咕嚕咕嚕咕嚕

哇～～到底是什麼樣子呢？
!
ゴボゴボゴボ
哇啊！真的是在海裡耶！
快過來這邊。
誰叫你亂跑，
說不定會有危險，你要小心。

A ③顎。在顎部形成前的古代魚，是靠著過濾海水或泥巴來攝取微量養分。

Q 測量動物從頭到尾部前端的長度稱為什麼？ ①全長 ②體長 ③體高

你看，這個時代的海岸線在很北邊的地方。
真的耶！
那我的新學說就不成立了。
不要難過，
難得來這裡，
玩一下再回去吧！
等等，回去時找得到時光機的入口嗎？
我早就做好浮標了。
大海好安靜，好美喔！

A
①全長。體長是由頭到尾巴基部的長度。體高則是從踏在地面上的腳到肩膀為止的高度。

ザッバー
※嘩啦嘩啦
快放開魚竿！
我的手被線纏住了！
我們離岸邊越來越遠了！
這下子回不去了啦！
救命啊～～
然後不知道撞到什麼，我們掉到這座隆起的小島上。

恐龍時代通行證Q&A

Q 和一般的動物比較，昆蟲的身體通常都比較小。這有特殊原因嗎？①有 ②沒有

A

①有。昆蟲是以堅硬外殼包住身體的外骨骼動物。由於外骨骼非常重，要是長得太大，肌肉會無法負荷。

唉……早知道就不來了……
如果我們就這樣餓死，
一億年後就會變成化石，被人發現…
乾脆跳下去算了…
怎麼了？發生什麼事？
有人在偷看！
海裡有雙恐怖的眼睛!!

海裡？
不、不要嚇我啊！
哇啊!!
哇！
小島動了!?
我剛剛在看這個地形……
突然發現這個不是島…
是遠古時代的巨大海龜……
我有看過圖鑑，
牠叫做巨顎龜或是寬殼龜…
這麼說來，
這是凶暴的肉食龜囉？
ゴボゴボ
哇啊～～早知道就不來了！
ザァ

※唰啦 ※咚隆

Q 寒武紀的生物*Anomalocaris*是「奇異的○○」的意思。○○是什麼？①烏賊 ②蝦子 ③水母

A
②蝦子。中文名是「奇蝦」，牠捕捉獵物的觸手和蝦子很相似而得名。在找到化石時，其觸手和口部還被誤認為別種生物。

牠脖子短，躲在後面牠咬不到。
ゴボゴボ…
ゴボ…
※咕嚕咕嚕
ザバ
※啪沙
海龜潛下去了！
咕嚕咕嚕…

恐龍時代通行證Q&A

Q

2億5千萬年前發生了生物大滅絕，滅絕的物種大概占幾%？

①50%

②70%

③90%

A ③ 90%。在這個時期，北半球有了史上最大規模的火山岩漿爆發，噴出的火山灰及氣體幾乎讓所有生物都滅絕了。

咦？大雄你不是不會游泳嗎？
這時候你還有心情管那個啊！
這下死定了！
用「時光腰帶」！回原來的世界！
好！總比被海龜吃掉好！
※消失

這裡是二十世紀的海底…
這裡不是海底喔！
對呢！過了一億年…
哇啊！這裡已經變成陸地了！
不要在我家池子裡游泳！

在遠古時代
魚貝類是生長在
陸地上的！

某個時代大量出現不可思議的生物？

同一個行星中。牠們的多種多樣化究竟是為了什麼？

再者，寒武紀的多樣性動物，幾乎在短短的四千萬年中就通通滅絕了。讓我們來想想其中的原因吧！

僅僅三十種的動物，在數千萬年後急增至一萬種

一九〇九年加拿大的洛磯山脈從被稱為「伯吉斯頁岩」的五億三千萬年前地層中，發現了數量非常多的化石。至今也仍然持續挖掘，找到的化石已超過十萬件。這堆數量龐大的化石研究、分析所得到的結果中，確認了在這個被稱為寒武紀的時代，地球的海中有數量多達一萬種的動物棲息著。

從大約只有三十種動物的伊迪卡亞動物群時代算起（從生物演化的歷史來看），只經過短短的五千萬年。在這麼短的時間中，為什麼動物會有爆發性的演化與數量增加呢？

此外，寒武紀動物的活動設計和伊迪卡亞動物群無法相比。它們那種像是在科幻片或是恐怖電影中才會出現的外觀，獨特到讓人無法想像它們居然和我們誕生在

加拿大・洛磯山脈

◀五億三千萬年前，現在的洛磯山脈位於赤道附近的海底。

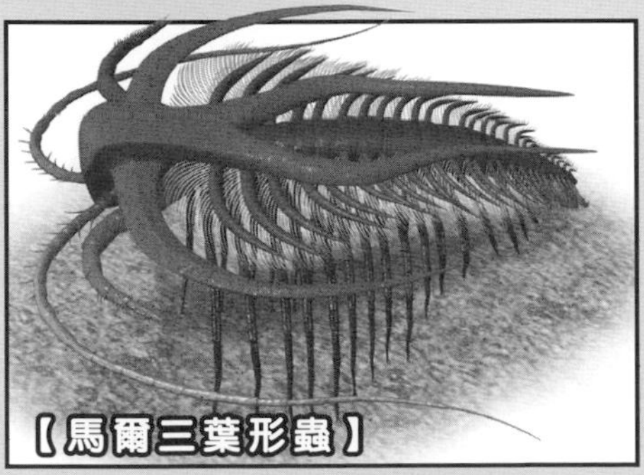
【馬爾三葉形蟲】

◀代表寒武紀的動物之一，簡直就像是外星生物。

插圖／月本佳代美

為了捕食的設計 為了防身的設計

在寒武紀發生「演化的爆發」時，可以想到幾種契機。氧氣的濃度變高，生物的活動變得活潑，從分裂的大陸有豐富的養分流入海中。總稱為「浮游生物」的微生物大量誕生，讓食物變得豐富。

可能是這些現象的重疊，讓動物們逐漸增加了數量及種類吧！可是動物增加，其實也意味著盯上牠們、想要獵捕牠們的肉食動物也增加了。

被盯上的動物一定很希望能有防身用的刺或殼，相反的想要捕食的動物，則想要有更大的身體及銳利的牙齒。

▶被奇蝦咬碎的三葉蟲。在寒武紀的海中，反覆進行著激烈的生存競爭。

寒武紀的代表性動物

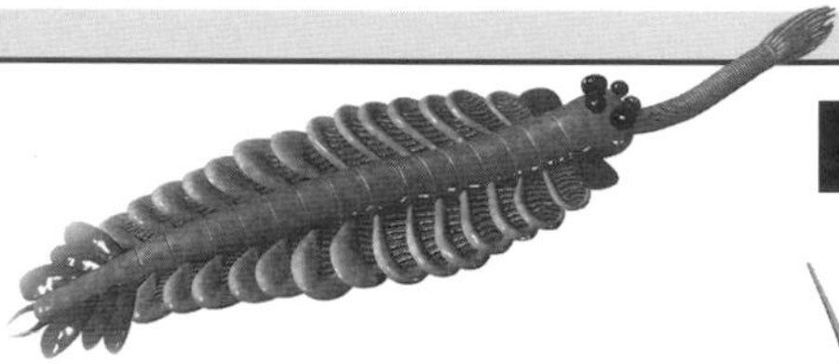

【歐巴賓海蠍】

▲一般認為牠能用第 5 隻眼睛提早察覺敵人。體長約 7 公分。

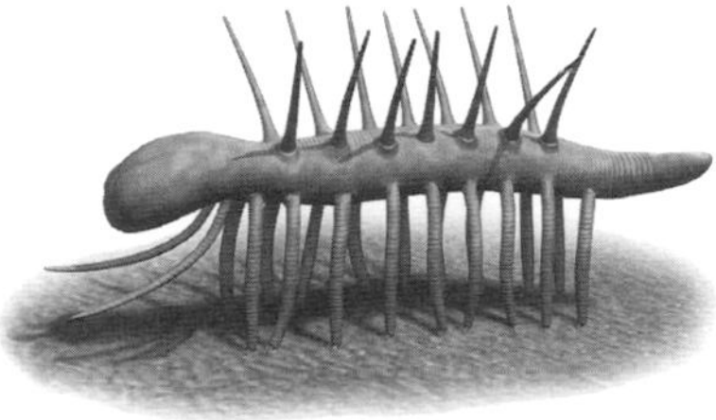

【怪誕蟲】

◀體長約 2.5 公分。在剛發現化石時，連牠的上下前後都搞不清楚。

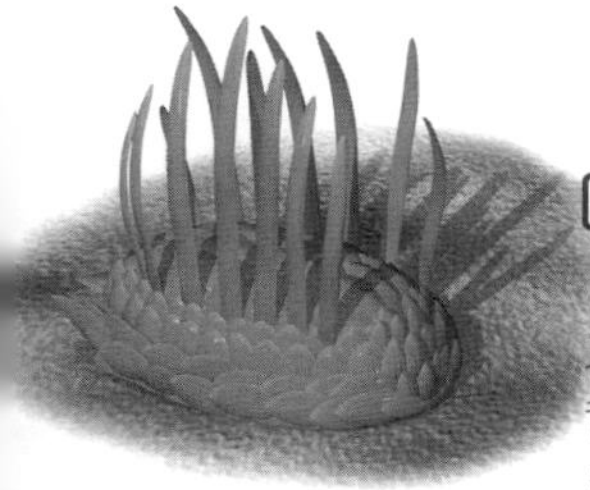

【微瓦霞蟲】

◀體長約 5.5 公分。以堅硬的鱗片及排在背部的兩排刺來保護自己。

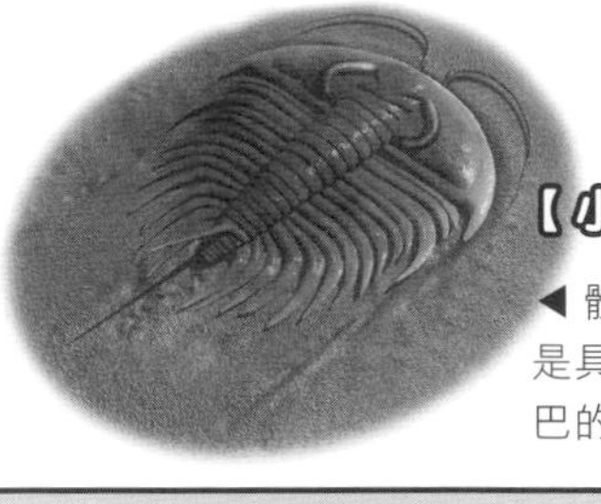

【小油節蟲】

◀體長約6公分。是具有大頭和小尾巴的初期三葉蟲。

此外，還有些動物可能想要的是能夠迅速游泳的鰭，或能夠看得很遠的眼睛。動物們所需求的，都是個別為了生存所期待的「特殊設計」。「演化的爆發」是否就是這樣發生的呢？但是這些多樣的生物，卻在被稱為奧陶紀的下一個時代幾乎完全滅絕。滅絕的原因至今仍然是個謎。殘存下來的，是我們脊椎動物的祖先皮卡蟲等有著更進一步演化的物種。滅絕的物種們所選擇的設計，究竟有什麼樣的問題呢？

特別專欄

物種的滅絕是必然還是偶然？

根據古典演化論，適者生存，不能適應環境的物種就會滅絕。但也是人類祖先的皮卡蟲，雖然在寒武紀是最弱的生物之一，卻把物種留到後代。另一方面，寒武紀最強的奇蝦，卻結束在充滿謎團的滅絕上。也許物種的繁榮與滅絕的分水嶺，只是在微不足道的運氣好壞而已！

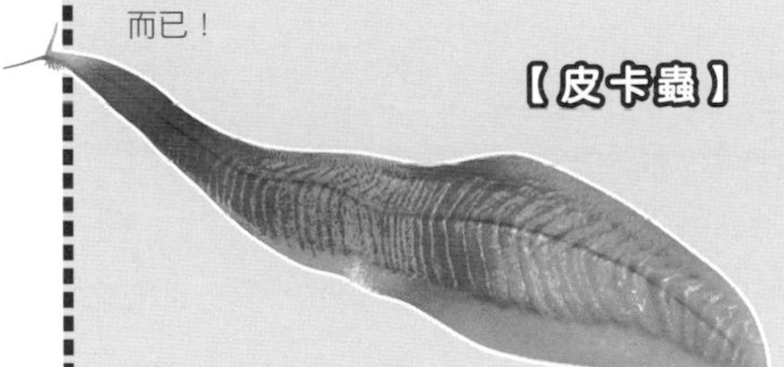

【皮卡蟲】

插圖／月本佳代美

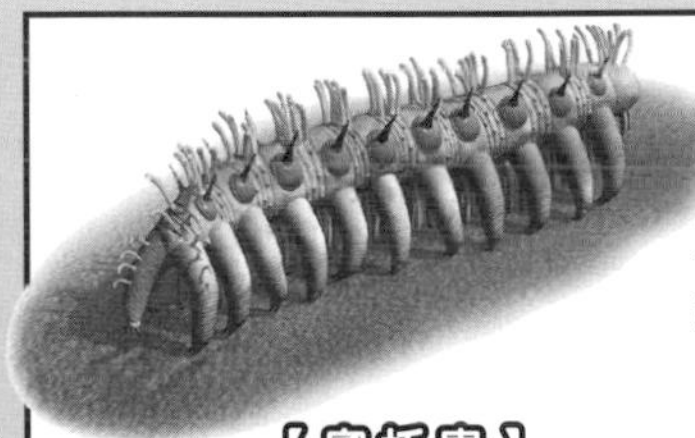

【爪網蟲】

◀以覆蓋住背部的硬板及銳利的刺來防身。體長約 4 公分。

【奇蝦】

▶體長約 1 公尺。是寒武紀最強的肉食動物，具有圓形的嘴巴及銳利的牙齒。

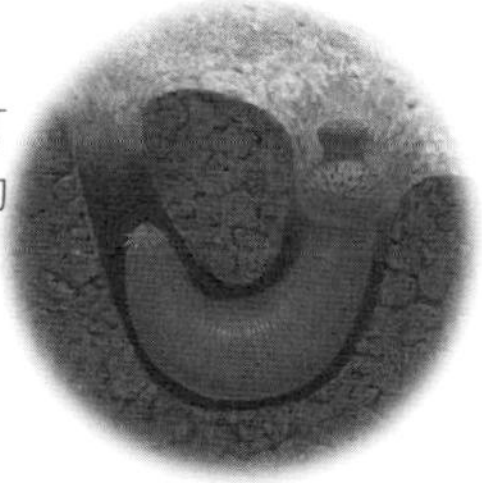

【奧托蟲】

▶在海底挖洞藏身，盯著獵物準備出擊。體長約 16 公分。

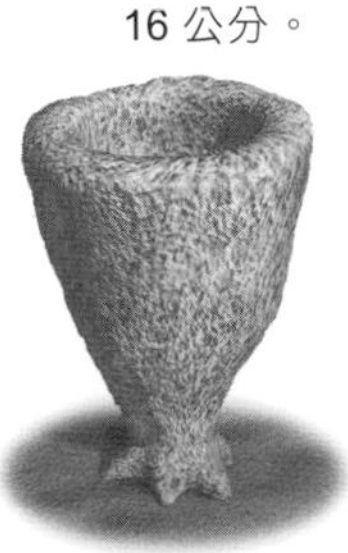

【美托古杯】

◀體長約 5 公分。身體的成分和貝殼相同，如杯子般的動物。

【埃謝櫛蠶】

▲體長約 4 公分。具有爪子的生物，棲息在海綿上。

插圖／月本佳代美、山本匠（奇蝦）

生物是在什麼時候到陸地上？

大陸的撞擊！河川的誕生！植物開始往陸地前進

縱然在寒武紀的海洋中發生了「演化的爆發」，在陸地上卻仍然沒有生物。對誕生於豐饒海洋中的生物來說，陸地是個不適於生存的世界。但是大約在五億年前發生了變異。大陸彼此碰撞，產生了巨大的山脈。碰到山脈的雲變成豪雨，讓河川跟著誕生。這連接海洋與陸地的河川，正是讓生物往陸地前進的關鍵。大約在四億五千萬年前，先是植物，之後則是從三葉蟲等外骨骼生物演化而來的昆蟲，順著河川接二連三的朝向陸地前進。

▶河川，是生物們適應陸地生活的最佳訓練場。

四億六千萬年前左右，魚類是海洋的弱者

在相同時期，以王者之姿君臨海洋的是鸚鵡螺。這種現在還繼續存活著的軟體動物，和稱為頭足類的烏賊與章魚是同類。牠們能夠以快速噴水的方式高速前進。另一方面，據說是從皮卡蟲演化而來的初期魚類還沒有充分的鰭，泳姿也還不安定。對鸚鵡螺來說，魚類是最佳的獵物。從在生存競爭上失利的魚之中，出現了逃離海洋、朝著河川前進的物種。

▼鸚鵡螺的一種。體長 15 公分。是魚類的天敵。

【直角石】

▼體長 20 公分。是最古老的魚種之一，有 8 個鰓孔。

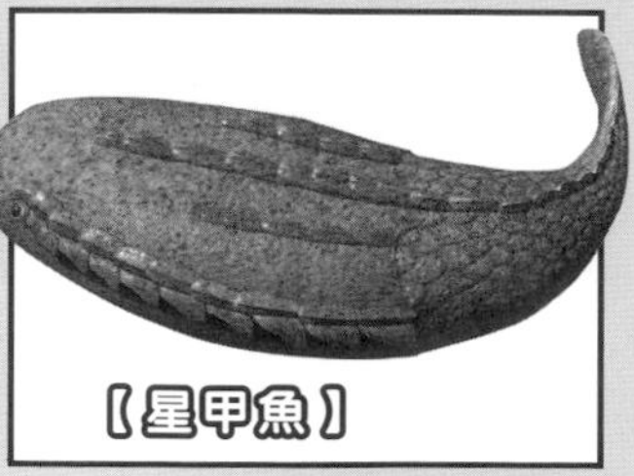

【星甲魚】

插圖／月本佳代美

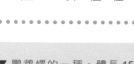

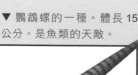

插圖／高橋加奈子

▲大約生活於 3 億 5000 萬年前，體長 1.2 公尺的魚。在鰭的內部有堅固的骨頭。這種鰭，後來演化成為腳。

從海洋到河川、從河川到陸地！花了一億年的物種演化

從海洋往河川的移動是多麼不簡單的事，只要看過現代的魚類就能夠了解。除了一部分的例外，海洋魚類都無法在河川中生活，河川魚類也沒辦法到海裡去。那是由於海水和淡水的鹽分濃度不同。大家知道在蛞蝓身上灑鹽的話，牠就會死亡。因為水會被鹽分濃度高的那一邊吸走，所以蛞蝓會因為體液被鹽奪走而死亡。

困擾著朝著新天地前進的魚類們的，正好是與此相反的現象——若是進入河川中，流入體內的大量淡水就會破壞身體的細胞。但是從河口附近的海裡，忍耐著進行世代交替的魚類之中，出現了具有能夠將多餘的水分排到身體外面的器官——「腎臟」的物種。適應了河川的魚類接下來讓鰭演化，將它變成了腳。於是，在前往河川的一億年之後，終於爬到陸地上來。在那裡牠們所看見的世界，可能是個植物茂密生長、可當作食物的昆蟲滿天飛舞、沒有天敵的樂園呢！

插圖／菊谷詩子

▶首次達成登陸，體長一公尺的四肢動物。具有能夠承受地面上重力的強壯脊椎骨。

特別事欄

回到海洋的物種 更往前進的物種

登陸成功的魚類子孫，並不是全部都成為陸地生物，也有像鯨魚那樣，演化成為哺乳類之後，再度回到海裡的物種。以生物來說，究竟哪一種選擇才是對的，至今依然沒有解答。

陸地怎麼會浮浮沉沉呢!?
當然會啊。
不過是經過長時間的…

生物的星球・地球樣貌改變這麼大！

順著板塊持續移動的大陸

我們在前面已經提到過大陸的移動或撞擊，和生物的演化有著很大的關係。沒錯，大陸是會移動的！地球的陸地自從誕生以來，一直在持續移動。只要知道地球的構造，就能了解它移動的原因。

地球的中心是稱為「內核」的球體，以大到令人無法置信的壓力與高熱把鐵壓縮了。它的外側是「外核」，雖然沒有內側那麼大，卻仍舊是以很高的壓力與溫度讓鐵融成黏稠狀。接著是因高熱而讓岩石幾乎要融化的岩漿層「下部地函」。然後是溫度稍微低一點的「上部地函」。通過這些之後，才總算會抵達生物棲息著、由岩石變冷凝固而形成的「地殼」，其厚度在陸地上是三十至五十公里。在海底的海洋地殼是六至七公里。如果將它與地球六千三百七十八公里的半徑做比較，真的是薄薄一層如皮般的地層。而這是位於稱為「板塊」的上部地函最外側的岩盤板上的狀態。板塊會因地函內部的溫度差所產生的對流而移動，因此陸地也是以被板塊搬運的型態來移動。而地震就是板塊移動的最佳證據。

插圖／高橋加奈子

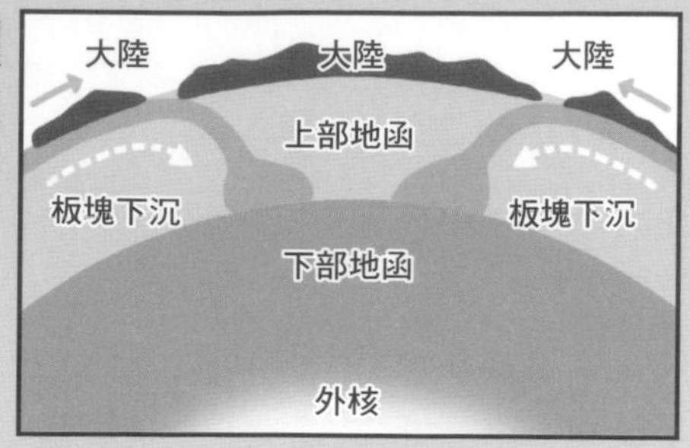
大陸
大陸
大陸
上部地函
板塊下沉
板塊下沉
下部地函
外核

▲配合地函對流，沉到地底的板塊。位於板塊上面的大陸會反覆的撞擊、分離。

插圖／高橋加奈子

北美洲板塊
北美板塊
歐亞大陸板塊
柯克斯板塊
加勒比海板塊
菲律賓海板塊
阿拉伯板塊
太平洋板塊
太平洋板塊
南美板塊
非洲板塊
印度・澳洲板塊
納茲卡板塊
南極板塊

▲現在，據說地球有 12 塊板塊喔！

現在這個瞬間，大陸也還在持續移動

大陸的移動，並不是遠古的事情而已。在現在的這個瞬間，地球的姿態也仍然在持續改變。即使是在地函活動變得比較緩和的現在也是。例如太平洋是每一年變窄約十公分，相反的，大西洋則以每年一至三公分的距離變寬。遙遠未來的世界地圖，一定會變得和現在完全不同吧！

在這個期間，地震或是火山活動等的大型異變，也一定會發生好幾次吧！

實際上在兩億五千萬年前，據說就是由於活潑的地函活動而讓絕大部分的生命都滅絕了。但是，這也是地球活著的證據，有時會讓人覺得一點也不慈悲的大自然運作，又會產生出新的生命，這也是不爭的事實。

大陸樣貌的改變過程

三億年前

兩億五千萬年前

一億五千萬年前

六千五百萬年前

特別專欄 遙遠未來的地球會呈現何種樣貌？

大陸的移動，反覆進行著結合與分裂。一般認為在距今 2 ～ 3 億年後，美洲和亞洲會撞擊，然後會產生新的超大陸喔！

狼家族

報紙上有寫喔！
有人發現日本狼了！
在山神谷嗎？
可是最後一隻日本狼是在明治38年發現的，現在應該已經不存在了啊！
學者是在猜是不是把野狗看成狼了。
對啊，怎麼可能會有狼嘛！
很難說喔！
真的有人發現的話，一定會成為全日本最轟動的話題。
我去找吧！
大雄你嗎？
哇哈哈！
啊哈哈哈！
嘻嘻嘻～
怎麼了？

什麼？又被人看扁了？
大雄一定會找到日本狼的！
明天是星期天我們就去山神谷抓一隻來！
說這種話沒問題嗎？
包在我身上！
你有「找狼機」嗎？
話說得很滿嘛！
如果沒有抓到，要用眼睛吃花生喔！
好啊！要做什麼都行!!
汪！
害怕
他這樣子要抓狼可能很困難⋯⋯

恐龍時代通行證Q&A

Q

在日本除了日本狼之外，也有北海道狼棲息過，不過這兩種都滅絕了。這是真的？假的？

A 真的。棲息在北海道等地，比日本狼還要大型的狼，據說是在一九〇〇年左右滅絕的。

可是……
真的有狼嗎？
沒有的話，不就白來了？
不用擔心。
在二十二世紀確定有狼群喔！所以在二十世紀一定還有狼存在。
對了，該把道具拿出來了。
「捕狼機」嗎？
ジャアン
※鏘鏘
「月光燈」。
這是未來小孩玩狼人遊戲時用的燈。
ピカ
※劈喀
啊……
咦？
喔……
狼是群居動物，
如果看到同伴，一定會湊過來。
嗚~

恐龍時代通行證Q&A

Q

一九〇五年奈良縣東吉野村曾捕獲日本狼，因此該地方有座紀念雕像。這是真的？假的？

A 真的。那是以在日本被捕獲的最後一隻日本狼為原型而製作的雕像。

得把衣服脫掉，不然就糟了。
要是狼出現，就用這個射牠，這樣牠就會立刻睡著了。
真的有用嗎？
プシュ
※噗咻
哇！射中哆啦A夢了！
糟了，在這種地方睡著的話…
呼！
呼！
狼啊!!
胡說什麼啊？你也是狼啊！
啊，對喔…
好久沒見到同伴了！
嗯…真…真令人懷念…

Q 日本狼已經滅絕了，沒有活體；全世界也只有少數幾個剝製標本。這是真的？假的？

到我家來吧！
不用客氣。
同伴就只剩你了嗎？
已經只剩我和我的家人了…
你看，我們的祖先原本都住在山的這一帶，
那座山峰和這座山脊，以前都是我們和平的家園。
但人類卻闖了進來。
奪走我們的家園跟食物，還用陷阱捕捉我們…
但我還是努力保護我的家人。
賭上性命喔！

A 真的。據說日本狼標本在全世界只有4個。日本是在東京的國立科學博物館、和歌山縣立自然博物館等處可以看到。

恐龍時代通行證Q&A

Q 真正的「企鵝」在十九世紀已經滅絕了。這是真的？假的？

還好趕上了，我是跟著腳印過來的。
什麼？不抓了？都已經到這裡來了耶！
太傻了！
好啦！我知道了！
這一帶已經都找遍了。
咦？真的嗎？
用眼睛吃花生吧！
拿出「眼睛吃花生」的道具給我！
沒有那種東西啦⋯⋯

A 真的。原本「企鵝」是對棲息在北大西洋的大海雀（*Pinguinus impennis*）的稱呼。大海雀在一八四四年滅絕了。

日本也有很多已滅絕的動物嗎？

可是最後一隻日本狼是在明治38年發現的，現在應該已經不存在了啊！

因為被獵捕或因傳染病而滅絕的日本狼

雖然漫畫裡的大雄遇到了日本狼一家，不過管轄日本野生動物的環境省已經把日本狼列為已絕種動物。

【日本狼】

插圖／桝村太一

▲雖然從前在日本各地都可見到，但是在1905年最後一次報告之後，就不再有目擊情報了。

最後確認到活著的日本狼，就像漫畫中所提到的是在明治三十八年（一九〇五年）。雖然滅絕的原因並不清楚，但是一般認為是由於牠們襲擊家畜而被人類獵捕，或者是從外國帶狗進來當寵物飼養，卻一併引進了傳染病，導致日本狼染病而死。

一九〇〇年之後在日本絕種的動物中，哺乳類並不只有日本狼而已，就連日本海獅及日本水獺也被認為差不多絕種了。

特別專欄

日本狼會復活？

由於日本狼已經滅絕，野豬、日本梅花鹿和日本獼猴因為沒有了日本狼這個天敵，數量於是大幅增加，對農作物產生不小的危害。所以有人提議要從外國引進狼來日本野放。不過被引進的狼，也有可能在日本成為害獸。

而另一方面，也有人想要利用基因複製技術，從日本狼的剝製標本中提取材料來讓牠們復活。

▼棲息在日本海，但是人類為了取其皮毛而獵捕牠們，所以極度瀕臨絕種。

【日本海獅】

插圖／桝村太一

▲上面是繁殖期的朱鷺，以及其他時期的朱鷺。在繁殖期時頭部周圍的羽毛會變黑。

野生個體滅絕以人工增殖的朱鷺

朱鷺也是到十九世紀為止在日本各地都看得到的鳥類，但是由於人類為了取其肉及羽毛而獵捕牠們，二〇〇三年時，名為「阿金」的朱鷺死亡後，日本原生的野生朱鷺也就隨之滅絕了。

只不過朱鷺和日本狼不同，還有同種的野生朱鷺分布在中國。現在佐渡島的朱鷺保護中心裡，是以這種原生於中國的朱鷺從事人工復育活動，自二〇〇八年起，也開始把養大的朱鷺野放回大自然。

特別專欄

被認爲已絕種的物種再發現也有新發現的物種

在 2010 年時有一則新聞，經常上電視的魚君發現了國鱒。國鱒是只分布在秋田縣田澤湖裡的一種鮭鱒魚類。可是 1940 年代，由於田澤湖水質惡化，導致田澤湖裡的國鱒絕種了。魚君是在山梨縣的西湖再發現這種國鱒。那應該是在 1935 年，為了進行國鱒的人工增殖實驗而放流到西湖裡的。

另一方面，琉球秧雞則是在 1981 年初次被確認，只分布於沖繩縣的新種。可是現在牠們卻遭受為對付蝮蛇而被野放至沖繩的獴所攻擊，造成瀕臨絕種的危機。

▶由於翅膀很小，一般認為牠們應該不會飛。

插圖／水谷高英

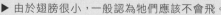

「動物絕種」是什麼意思？

在日本如果有五十年沒被看見，就會被列爲絕種

所謂絕種，是指一個物種的個體全部死亡。可是實際要確認某個種類的生物是不是全部死亡是非常困難的事。於是日本就以環境省在過去五十年沒有收到可信賴的棲息情報等資訊為依據，稱為「野生滅絕」。若包含飼育、栽培在內全部滅絕的，就定義為「絕種」。

1975 年　最後一次目擊到
日本海獅
再 14 年……
再 13 年……
到了 2025 年
日本海獅會
確定絕種？

自從人類在世界各個角落生活，很多動物都絕種了

就像在大約六千五百萬年前恐龍滅絕那般，到目前為止，地球已經發生過好幾次大量滅絕。但現在也有許多生物瀕臨絕種危機。例如現今地球上，目前已為人類所知的哺乳類約有五千五百種，不過其中的一千一百種已經面臨絕種危機。在五個物種中，就有一種有絕種危機。至於兩生類，更是每三種就有一種。而造成這種現象的最大原因，其實就是人類。

○因自然破壞的拓展而絕種

人類開拓了森林等大自然，不停拓展自己的居住範圍，可是人類開拓的這些地方，原本有許多生物棲息其間。由於自然環境被破壞，棲息在這裡的生物失去了棲身之處或食物，而陷入絕種的危機。

像是前面介紹過的田澤湖國鱒，就是因為自然環境被

破壞而絕種的例子之一。

由於要利用田澤湖來做水力發電，為了增加田澤湖的水量，就將對該區生物來說有毒的水引入田澤湖中，田澤湖的國鱒便因此而全數滅絕了。

○被人類獵捕而滅絕

被當成襲擊家畜的害獸而被人類獵捕，是造成日本狼絕種的原因之一。並不只是因為對人類來說是害獸，也有些物種滅絕的原因，是被當成狩獵的對象或是為了當寵物而遭獵捕。

分布在日本群馬縣的絲葉穀精草這種植物非常稀有，因而導致許多人去採集，結果就造成它的滅絕。這也可以說是出於憐惜某物種，卻導致絕種的結果！

○因人類帶去的動物而滅絕

也有像沖繩縣的琉球秧雞那樣雖然沒有絕種，卻也因人類引進的動物而面臨絕種危機的例子。

原本獴這種動物，在琉球秧雞棲息的沖繩本島沒有分布，不僅如此，在沖繩本島本來就沒什麼會捕食其他小動物的獵食性動物。

但人類卻把會成為強大獵人的獴、貓這類動物野放到環境中，這樣就有可能造成原本棲息在那裡的生物絕種。

○其他還有許多絕種的原因

雖然在這裡介紹了三個由於人類行為導致其他生物瀕臨絕種危機的例子，不過當然還有其他原因，或是由於以上這些原因的組合而威脅了大自然中的生物。人類的哪些行為會對其他生物造成威脅，請大家自己也查查看吧！

在人類誕生前會有過大滅絕嗎？

到目前為止，地球上有過五次大量滅絕

在地球的漫長歷史中，曾經有過幾個時期經歷了許多物種同時滅絕。例如在恐龍滅絕的白堊紀末期的大量滅絕也是其中之一。在這裡要介紹的，是除了白堊紀末期大量滅絕之外的四個大量滅絕。

左頁的圖表，是以百分比表示在古生代之後，生活於那個時代的生物的「屬」（比「種」大的生物集合）滅絕了多少。除了五次的大滅絕之外，在其他時期也有很多生物絕種了！看了這個圖表之後，就會知道從地球的歷史來看，某種生物絕種這件事，其實不是罕見的事情。不過假如那是多數生物同時滅絕的話，情況就不一樣了。一般認為會有這樣的狀況，是因為發生了地球規模般的大型變異所造成的。現在科學家們也仍然持續進行研究，以便解開大量滅絕之謎。

●奧陶紀末期的大量滅絕

大約在四億三千五百萬年前所發生的大量滅絕。珊瑚、海綿、三葉蟲以及和貝類很相似的腕足動物等，絕種了一部分。依最近的研究，也有科學家認為有可能是由於在宇宙發生的超新星爆炸，讓地球暴露於大量的輻射線之下，而這就成為大量滅絕的原因。

●泥盆紀後期的大量滅絕

大約在三億六千萬年前發生的大量滅絕。頭被骨頭包覆的盾皮魚類及珊瑚、海綿等的海洋生物有百分之八十以上都絕種了。

雖然已知在這個時期有時

插圖／高橋加奈子

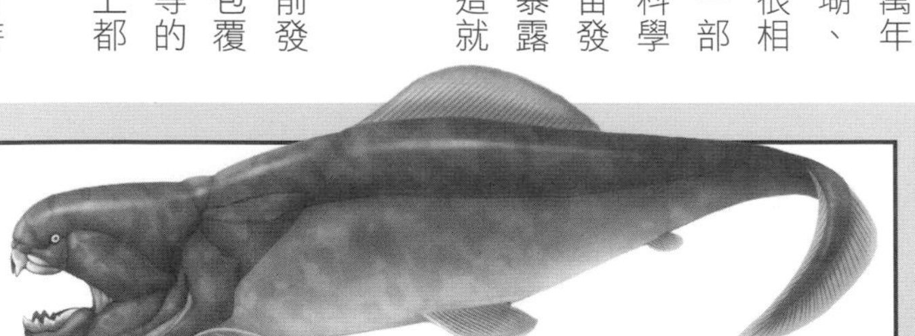

◀ 盾皮魚類。古生代最大的生物。以強力的顎部襲擊各種各樣的魚。全長約 6 公尺。泥盆紀後期。

【鄧氏魚】

候寒暑差異很劇烈、有時海水面會後退、氣候和環境也反覆有過好幾次大變化，但是這些原因之中，究竟是哪個造成了大量滅絕，至今仍然不明。

● 三疊紀末期的大量滅絕

雖然以時代來說，是二疊紀在先，不過我們改變一下順序，先介紹三疊紀末期的大量滅絕。那是發生於大約兩億一千兩百萬年前的大量滅絕。人類等哺乳類遠古的祖先——單弓類，以及多數鸚鵡螺等都滅絕了。雖然原因至今並不清楚，不過一般認為和火山活動變得活潑有關。若是有大量滅絕發生，在那之後想要填補空缺的殘存生物就會有所發展；恐龍就是在這次的滅絕之後變得繁盛起來的。

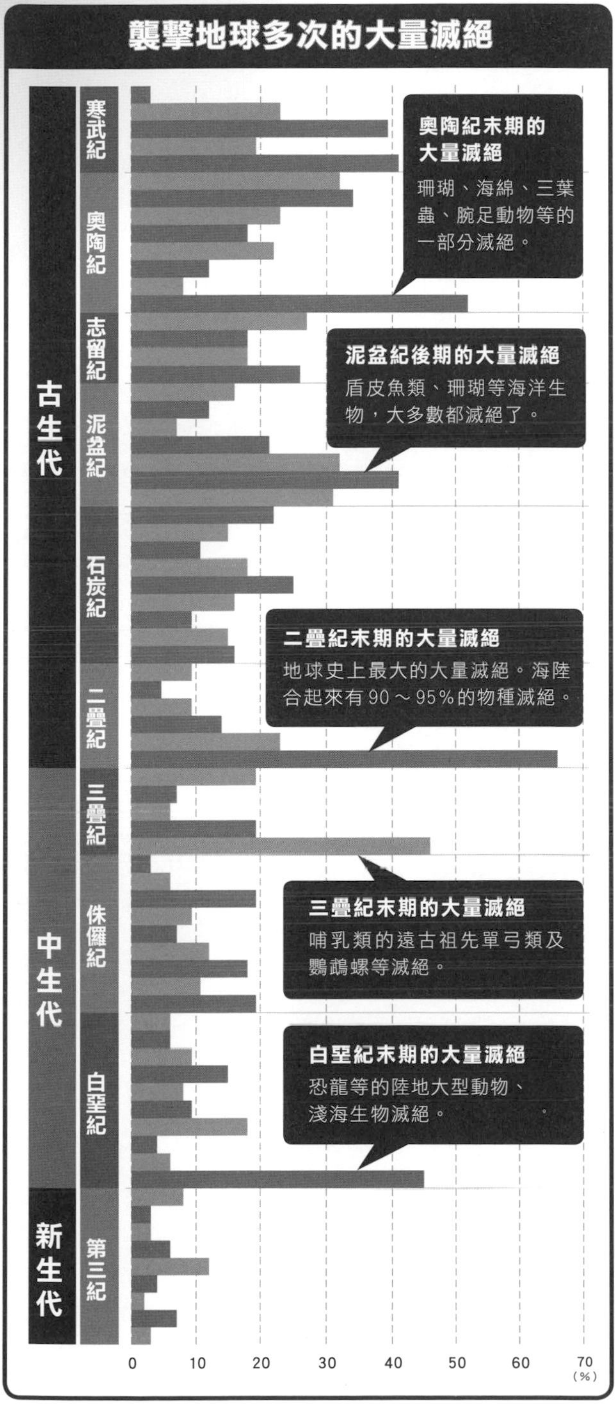
襲擊地球多次的大量滅絕
古生代
中生代
新生代
寒武紀
奧陶紀
志留紀
泥盆紀
石炭紀
二疊紀
三疊紀
侏儸紀
白堊紀
第三紀
奧陶紀末期的大量滅絕
珊瑚、海綿、三葉蟲、腕足動物等的一部分滅絕。
泥盆紀後期的大量滅絕
盾皮魚類、珊瑚等海洋生物，大多數都滅絕了。
二疊紀末期的大量滅絕
地球史上最大的大量滅絕。海陸合起來有90～95%的物種滅絕。
三疊紀末期的大量滅絕
哺乳類的遠古祖先單弓類及鸚鵡螺等滅絕。
白堊紀末期的大量滅絕
恐龍等的陸地大型動物、淺海生物滅絕。
0
10
20
30
40
50
60
70
(%)

地球最大的大滅絕是什麼？

在二疊紀末期的大量滅絕中，96％海洋生物滅絕了！

這個發生在二疊紀的大量滅絕，比恐龍滅絕的白堊紀末期規模更大，被認為是地球史上最大的大滅絕。這發生於大約兩億五千萬年前。一般認為在這個時期，海洋生物有大約百分之九十六，若含陸地上所有生物的話，就是百分之九十至九十五的物種滅絕了。古生代很繁盛的三葉蟲也在這個時期，全數滅絕。

插圖／桝村太一

▲代表古生代的海洋生物。在二疊紀的終期時滅絕了。

也有一種説法認為雖然空氣中氧氣濃度下降，讓哺乳類遠古祖先的單弓類大多滅絕了，但是運用腹式呼吸可以在少量氧氣中殘存下來的動物，就成為哺乳類的祖先。

火山的爆發或氣候變化也是滅絕的原因

二疊紀末期的大量滅絕，被認為是因火山活動變得活潑所引起的。當火山爆發，大氣中的二氧化碳增加，就會發生地球暖化、海水溫度變高等情形，其結果就導致水中氧氣濃度變低，海裡的生物滅絕。此外，也有人認為由於爆發的微塵遮蔽了太陽光，導致植物無法行光合作用而枯萎，沒有食物的陸地動物也跟著滅絕。

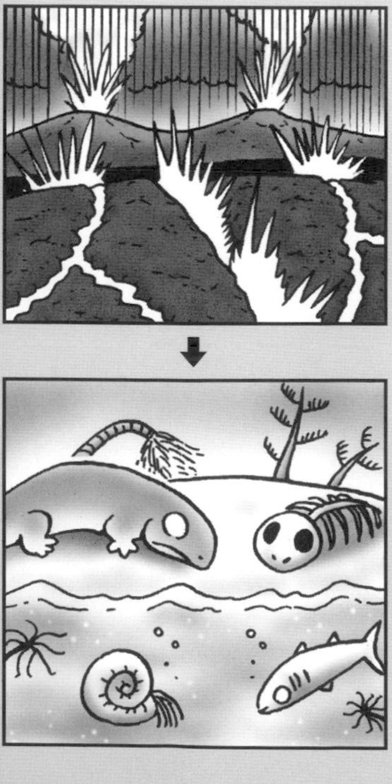

無可取代的動物們

傳說中的恐鳥在幾百年前就絕種了，絕種的原因眾說紛云。
最有力的說法是死於人類的獵殺。
最大的恐鳥
高達四公尺
有些動物則是由於人類濫捕及破壞大自然而絕種，
嘟嘟鳥
旅鴿
日本狼
東方白鸛
朱鷺
也有很多動物快要瀕臨絕種。
日本水獺
守護大自然，是我們二十世紀現代人的重責大任。
鏘鏘鏘鏘鏘鏘！
嗯……
喔……
嘿……

恐龍時代通行證Q&A

Q 為家畜牛原種的野生牛，到十七世紀為止是棲息在歐洲森林裡。這是真的？假的？

原來電視不單單只有唱歌、卡通跟運動節目。
我第一次看到這麼有意義的節目，得到很多知識。
沒錯！我們要珍惜大自然。
包括鳥獸蟲草跟樹木。
喔，好可憐喔。
快逃吧。
蟑螂如果絕種怎麼辦？
人家說就算人類死光了，蟑螂還是會活得好好的，用不著同情。
我要吃點心。
本來有銅鑼燒的，不過蟑螂爬過去，我丟掉了。
該死的蟑螂！

A

真的。野生牛——原牛雖然在大約九千年前就被家畜化，但也有些個體持續野生狀態。在一六二七年絕種。

恐龍時代通行證Q&A

Q 以被稱為育兒袋的袋子養育小孩的袋狼與狼（犬科）是同類。這是真的？假的？

A 假的。在二十世紀絕種的袋狼，雖然臉長得和狼很像，下半身卻很像袋鼠。狩獵時是單獨行動，和狼成群狩獵不同。

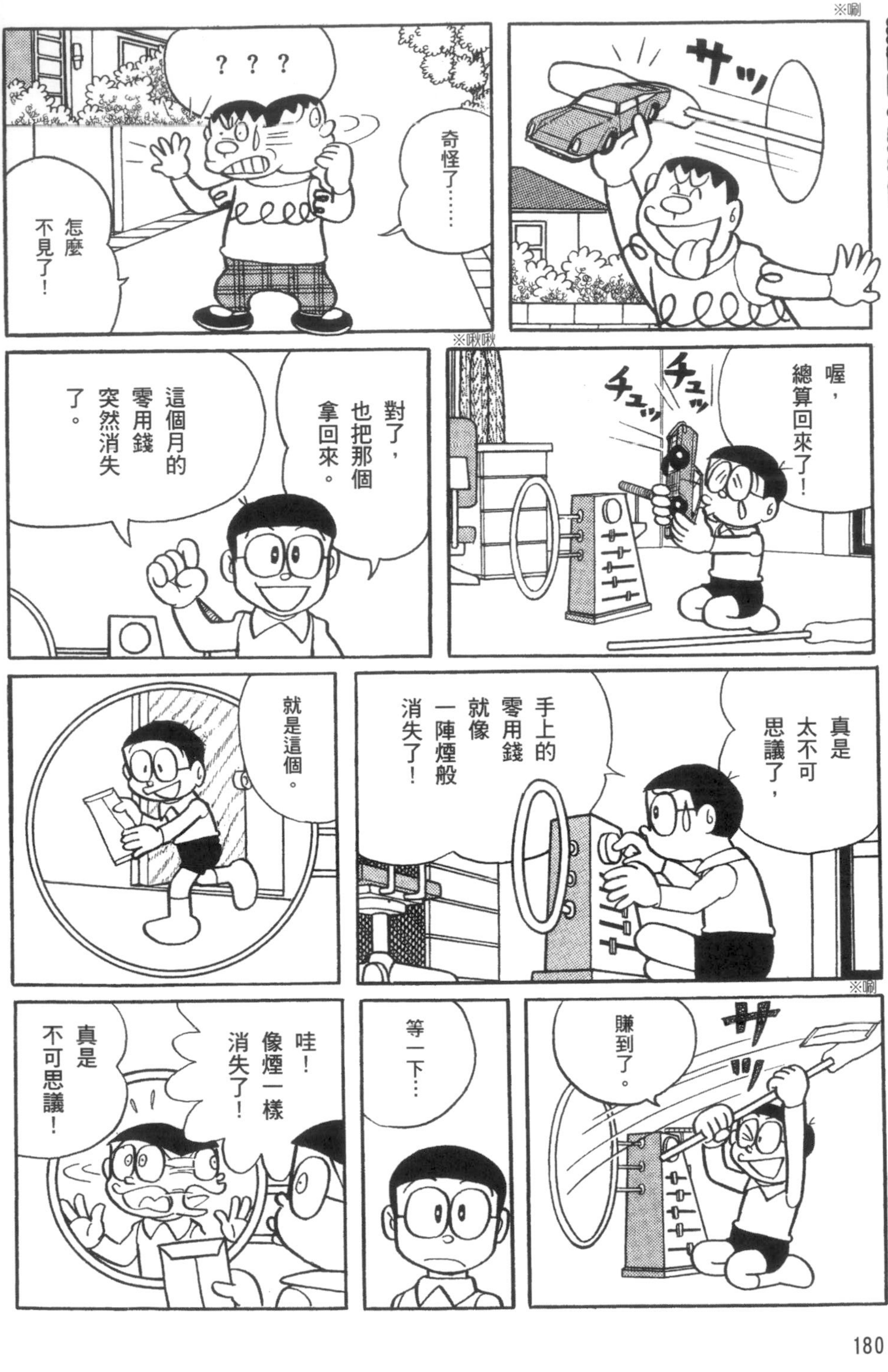
※唰
サッ
奇怪了……
？？？
怎麼不見了！
※啾啾
チュッ
チュッ
喔，總算回來了！
對了，也把那個拿回來。
這個月的零用錢突然消失了。
真是太不可思議了，
手上的零用錢就像一陣煙般消失了！
就是這個。
※唰
サッ
賺到了。
等一下…
哇！像煙一樣消失了！
真是不可思議！

恐龍時代通行證Q&A

Q

有一個國家到現在還是把已絕種的嘟嘟鳥訂為「國鳥」。這是真的？假的？

如果是因為我現在拿走，那時候錢才消失，
那我根本就沒賺到啊。
我好像白痴喔！
咦？或許可以利用這個賺錢喔。
以前名人使用過的東西就很值錢，
比如說豐臣秀吉穿過的鞋，拿破崙的吊帶……
還是趁大海盜奇德把寶藏埋起來前偷偷搶過來。
不借！
小氣！
這個道具是很有意義的，
例如說拿回毀於戰火的美術品或是貴重文獻等等。

A 真的。位於印度洋上的模里西斯共和國，從前是有嘟嘟鳥棲息的國家。在那個國家的國徽上還畫著嘟嘟鳥。

恐龍時代通行證Q&A

Q 已絕種的史上最大鳥類恐鳥的卵，是雞蛋的幾倍大？①10倍 ②30倍 ③60倍

A ③ 60倍。橢圓形卵的直徑25公分、橫寬20公分。以體積來做比較的話，大約是雞蛋的60倍。

恐龍時代通行證Q&A

Q 恐龍也會生病。這是真的？假的？

有了！
距離拉近。
趁現在！快用時光膠！
時光圈再移近一點。
再來、再來。
※啪嗒
黏到了！
※拉走
哇！
※咻～
哇！好大隻！

A 真的。從目前發現到的恐龍化石中，找到了被認為罹患關節炎或癌症的痕跡。

恐龍時代通行證Q&A

Q 在麻雀的同類中，也有已經無法在空中飛的物種。這是真的？假的？

A 真的。已經絕種的史蒂芬島異鶲就是如此。可能是因為棲息在沒有外敵的島上，所以沒有飛行的必要。

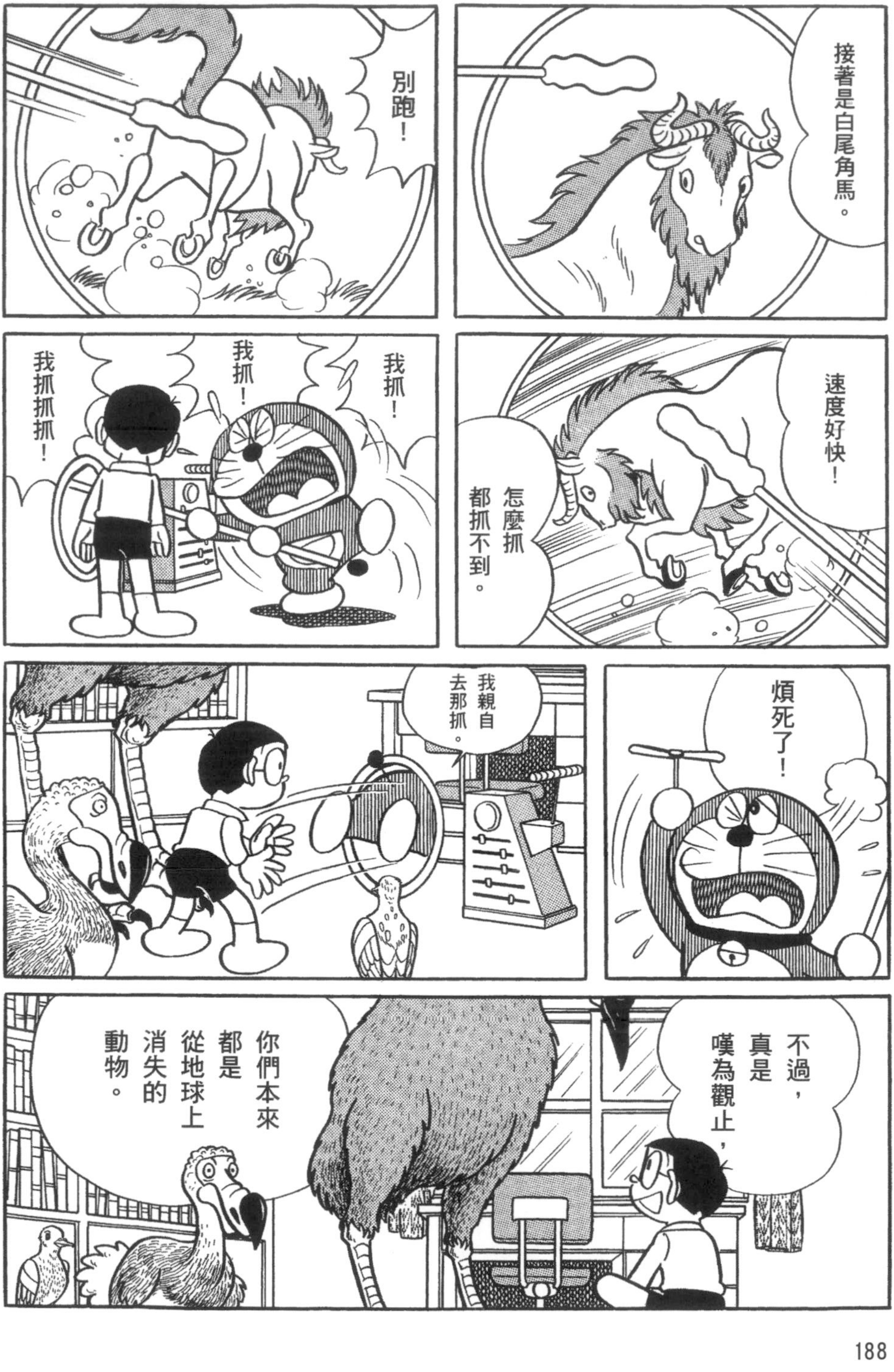
接著是白尾角馬。
別跑！
速度好快！
怎麼抓都抓不到。
我抓！
我抓！
我抓抓抓！
煩死了！
我親自去那抓。
不過，真是嘆為觀止，
你們本來都是從地球上消失的動物。

Q 雖然已經被判定絕種，卻在二〇一〇年確認仍然生存的日本淡水魚是什麼？

真想讓大家瞧瞧。
讓他們看看這隻鴿子吧！
只要我不說，他們一定以為是普通的鴿子。
給他們看。
咦？你有養鴿子啊。
樣子看起來好奇怪……
剛好跟大雄很速配。
真悲哀，居然不懂這隻鴿子的價值。
讓你出去玩一下。
喂！小弟弟！

A 國鱒。雖然在環境省的紅皮書中將牠列為「絕種」，不過在睽違七十年後，在山梨縣的西湖被發現。

Q 為了保護野生動植物不至於絕種，而限制了國際交易的國際條約為何？

那、那隻鴿子。
是在哪找到的？
在哪…我是在…呃……
我是動物學家。
如果我沒看錯…
那應該是早已絕種的旅鴿……
小弟弟！這可是世紀大發現啊！
拜託你告訴我在哪找到的！
在那個……學校的後山……
看來…
我闖下大禍了。
回去吧!!
ピイ
哆啦A夢，糟糕了！

※嗶

A 華盛頓公約。以規範珍貴稀有野生動植物的輸出和輸入、抑制流通來進行保育。剝製標本及毛皮也是規範的對象。

Q 被認為極度瀕臨絕種的哺乳類數量是？①約一百種 ②約五百種 ③一千種以上

A ③一千種以上。在二〇一〇年版紅皮書（IUCN）上列了一千一百三十一種。大約占了哺乳類整體的兩成。

恐龍時代通行證Q&A

Q 生物多樣性公約是什麼時候決定的？①一九九二年 ②二〇〇〇年 ③二〇一〇年

A

①一九九二年。這是以保育環境及野生動植物多樣性為目的的國際公約。在舉辦地球高峰會議的一九九二年被表決採用。

種下植物之後再用「速成燈」照射，就可以製造叢林跟草原。
各種動物都抓來一百隻。
牠們就會自動繁衍了。
幾十年、幾百年後，
這座島就會成為動物的樂園了。
都是動物們的屎尿。
牠們送的禮物可真壯觀⋯

已滅絕的恐鳥和嘟嘟鳥是怎樣的動物？

有些動物則是由於人類濫捕及破壞大自然而絕種。
嘟嘟鳥
旅鴿
日本狼

由於人類活動，導致許多的生物滅亡

在長達三十八億年的地球生命漫長歷史中，反覆著生物滅絕的過程。最常見的是因環境變動所造成的滅絕，有的則是在生存競爭中失敗而滅絕等，造成滅絕的原因有很多種。不過自從人類登場後，因人類活動成為直接導火線而絕種的生物數量也很多。其中有連究竟是什麼樣的生物都還弄不清楚就已經消失不見的物種。而後，因人類活動的影響所導致的絕種，也隨著時代的進步而持續增加。究竟是什麼樣的動物因人類而滅絕，在這裡就舉幾個例子做介紹。

在漫畫中也有出現的嘟嘟鳥，主要棲息在非洲東方、比馬達加斯加島更遠的馬斯克林群島中的模里西斯島上。牠們是體型大概同火雞大小的鳥類。雖然牠們沒辦法在天空飛行也不能跑很快，卻是一邊吃著樹上的果實，一邊在沒有人類也沒有天敵的島上和平生活著。可是在大航海時代的十六世紀初期，由於歐洲人開始移居，人們為了要觀賞這種稀奇的鳥類，或是為了要拿來當食物而捕捉牠們，讓牠們的數量減少了。再加上和移居者一起進入這些島嶼的狗、豬、老鼠等動物會吃牠們的蛋和雛鳥，讓嘟嘟鳥在被發現的大約兩百五十年之後就絕種了。

▼體型圓滾滾，逃走速度也很慢的嘟嘟鳥，由於被濫捕來當食物而絕種了。

【嘟嘟鳥】

插圖／桝村太一

被當成食物或狩獵對象而消失的動物

恐鳥在鳥類之中，屬於史上體型最大的巨鳥，到頭頂的高度有三、四公尺。一般認為牠們沒辦法在空中飛，是以樹上果實或草等植物為食，廣泛分布在沒有大型肉食動物的紐西蘭。把恐鳥逼入絕種境地的，很可能是在九到十世紀從玻里尼西亞移居到紐西蘭的原住民毛利人。不懼怕人類的恐鳥成為他們的獵捕對象，肉被拿來當食物，羽毛和骨頭則被拿來當裝飾品。開始農耕後，森林的砍伐等因素讓牠們的生活環境更加惡化，到了十八世紀末期，就被認定絕種了。

大航海時代之後，因來自歐洲移民的開拓而絕種的動物之中，最為人所知的是棲息在南非乾草原上的藍馬羚和擬斑馬。藍馬羚是有著灰藍色美麗毛皮的牛科動物，不只是肉被人類當成食物，也因為牠們的美麗毛皮而遭獵人獵捕，在一八〇〇年左右絕種，也是非洲第一個因被槍枝獵捕而絕種的動物。擬斑馬雖然和斑馬是同類，但是只有從頭到身體前半才有條狀斑紋，身體後半部是咖啡色。牠們也被開拓新天地的移民們大量用槍枝獵捕，肉拿來食用，皮被拿來當成製作鞋子或袋子等的材料。野生的擬斑馬在一八六一年絕種；荷蘭的動物園裡雖然殘留著最後一隻，卻也在一八八三年死亡。

在同一時期，不論是在歐洲或北美，都有動物因濫捕而絕種。儒艮的同類史特拉海牛也是其中之一。棲息在白令海周圍的史特拉海牛是體長七至八公尺、體重超過四公

▼由於藍馬羚（上）和擬斑馬（下）是獵人們最佳的獵物，於是就因遭受槍擊而走上絕種之路。

噸的巨大海獸，在一七四一年被發現後，獵人們紛紛湧入，在距離發現僅僅不到三十年內，史特拉海牛就絕種了。此外，廣泛分布於北大西洋的大海雀，也是由於肉和蛋的美味而變得有名，於是遭受獵人或商人的濫捕，而在一八四四年絕種殆盡。

◀史特拉海牛（右）和大海雀（左）是由於肉被當成珍貴的食材，在很短的時間內就被濫捕殆盡了。

特別專欄

旅鴿為什麼消失了？

在進入20世紀後絕種的動物中，最為人所知的，就是原本棲息在北美大陸的3種鳥類。松雞科的新英格蘭黑榛雞、北美大陸唯一的鸚鵡卡羅萊納長尾鸚鵡，以及旅鴿。牠們原本都是在美國極為普遍的鳥類。其中又以旅鴿的棲息數量最多，推定多達50億隻。牠們鳥如其名，是會旅行的候鳥，數量多到在遷徙的季節，會覆蓋住整片天空。由於牠們的肉很可口，「射鴿子」就成為大家很愛的活動，但這種濫捕的行為，讓旅鴿在1914年絕種了。

▲肉很好吃、又是大群遷徙的旅鴿，是獵人們的絕佳標的。

守護大自然，是我們二十世紀現代人的重責大任。

有多少生物正面臨滅絕危機？

在世界上有絕種危機的生物大約有一萬八千種

一般認為在距今兩千年前，生活在地球上的人類大概只有二至三億人左右。在十六世紀時也只有五億左右人口。人口的急遽增加是發生在十八世紀工業革命之後，到了二十世紀，人口更是有了「爆發性」的增長。現在的世界人口超過六十九億人（聯合國估計，二〇一〇年十月）。這樣的人類繁衍狀態，一方面對自然環境有很大的影響，不僅是濫捕，因開發造成環境惡化而被逼至絕種的生物也非常多。此外，人類引進的外來生物也會讓原本的生態系失去平衡；最近由於人類活動所引發的地球暖化，也逐漸成為讓許多生物走向滅絕的原因。

那麼，現在全世界瀕臨絕種危機的野生生物到底有多少？世界各國或政府機關、非政府組織（NGO）加盟的世界最大自然保護組織之國際自然保護連盟（IUCN），每年都會發表「瀕臨絕種物種紅皮書」。

根據這個紅皮書的記載，全世界瀕臨絕種危機的野生生物種數多達一萬八千三百五十一種（二〇一〇年發表）。其中動物（包含無脊椎動物）為九千六百一十八

▼生活在印尼的熱帶雨林中的紅毛猩猩，由於森林的開發而逐漸失去棲身之所。

攝影協助／東京都多摩動物公園

▲ 原本就已因濫捕而導致數量減少的海牛，由於沿岸的開發及水質汙染等，數量又更為減少。

攝影／瀧田義博

種，植物是八千七百二十四種（其他九種）。只不過這個紅皮書只針對棲息數量及棲息地區比較清楚的五萬種左右的物種進行調查，把牠們的絕種危險度區分等級而已。雖然現在已確認存在（有名字）的野生生物種數大約為一百六十四萬種，但是並沒有對這些物種全部進行調查。將這點列入考量的話，就能知道在紅皮書上有絕種危機的野生生物數量究竟有多麼的多。（評價的物種之中，脊椎動物為百分之二十五以上，植物為百分之七十以上）。此外，包含現在還沒有進行研究調查的生物在內，就能估算出有遠超過紅皮書中發表種數的生物種正瀕臨絕種危機。關於日本的生物，環境省以獨自的基準發表紅皮書，有絕種危機的動植物總共列了三千多種（二〇〇七年資料）。最近日本各都道府縣都製作了紅皮書，並積極想對野生物種的保育付諸行動。

特別專欄

地球暖化與北極熊

目前生物絕種的最新原因，是地球的暖化。其中受到最大影響的，是以北極熊為首的北極圈生物。一般認為由於地球暖化的影響，在 20 世紀的 100 年間，北極圈的平均氣溫升高了 2℃以上，夏季的北極海冰的厚度也減少了 40% 左右。

北極熊會在冰上獵捕海豹當作食物，若是海冰減少的話，就沒辦法進行狩獵。目前這樣的影響已經開始出現，有些北極熊已經無法育幼，甚至有在陸地上亂翻垃圾的情況發生。

我們應如何拯救被逼到絕境的野生生物？

現在也有許多珍貴動物因盜獵而導致數量減少

現代被評為地球生命歷史上第六次大滅絕。把許多生物逼到面臨絕種危機的，並不是氣候變化也不是火山活動，亦不是隕石撞擊，而是我們人類的活動。包含目前尚未確認存在的物種在內，有人推斷每一年大概有四萬種生物絕種。

為了保育面臨危機的生物，許多國家設有國家公園或保護區等。但是並非所有活動都進行得很順利，例如被IUCN（國際自然保育聯盟）分類在絕種危險度最高的極度瀕危的黑犀牛，雖然在一九七〇年時大約有六萬五千頭，但是在一九九五年數量卻銳減到兩千四百頭左右。主要原因是人類為了取牠們的角，所做的盜獵行為。雖然已經採取各種防止盜獵措施，總數量回復到了四千兩百頭，但最近盜獵行為又死灰復燃。根據WWF（世界自然基金會）的資料，光是南非在二〇〇八年、二〇〇九年各有一百頭以上，在二〇一〇年更有三百頭以上的犀牛成為盜獵的犧牲者。這些盜獵者已採用組織性的手法，連直升機、裝有滅音器的槍械等都派上用場。

▼族群數曾經一度增加，現在卻又因盜獵還在持續，而被擔心即將絕種。

攝影協助／廣島市安佐動物公園

生物多樣性熱點之一，日本的豐饒自然應如何保護？

生物的滅絕，並不只是某單一物種從地球上消失的問題而已。野生生物們是一邊過著自己的生活，一邊和其他的生物產生深厚的關係，建構出複雜但是取得平衡的生態系。一個物種的滅絕，也有可能會引發「絕種的連鎖」。

而在所有的問題當中，目前最被重視的是「生物多樣性」。這個詞彙中，包含了要重視在各個不同生態系中存在著各種不同生物的重要性，以及重視生物棲息環境的多樣性。由於森林砍伐及溼地、潮間帶的開發等，讓生物的棲息地逐漸消失，這也是生物面臨瀕臨絕種危機的主要原因之一。要如何恢復生物多樣性、如何守住生物多樣性，已經成為拯救被逼入絕境的野生生物的重要關鍵。

雖然全世界都面臨生物多樣性大量消失的危機，不過近年來受到注目的是「生物多樣性熱點」。這是指在地球上生物多樣性雖高，其絕種危機也變高的地區。例如西非的幾內亞森林、東部喜馬拉雅、加勒比海群島等等一共有三十四個地點被列在清單中，日本也是其中之一。日本雖然是已開發的先進國家，卻以仍保有豐饒的生物多樣性而受到國際注目，這讓我們感到很榮幸，但是另一方面卻也被指定了另一樣功課，那就是該如何解決現在的生物多樣性危機。

為了在面臨危機的狀態下保育自然環境，我們究竟該做些什麼才好？就讓我們把視線轉向身邊的大自然，從體會她的重要性開始做起吧！

特別專欄

『絕種的連鎖』是什麼？

在因為單一種生物絕種而破壞了整個生態系的例子之中，最為人所知的是發生在北美大陸太平洋沿案的海豹絕種事件。

由於濫捕等因素而讓海豹從一個海域消失後，原本是海豹食物的海膽等以海藻為食的生物便逐漸增加，導致原本遍佈該海域的海藻，轉瞬之間大量減少。

海藻大量減少所連帶造成的影響就是，許許多多利用海藻森林當產卵場所或藏身處的魚類、蝦類、貝類等也全部都跟著消失了。

後記

給未來恐龍學家們的幾句話

真鍋真

過去在圖鑑上描繪的恐龍顏色全部都是純屬想像，學界的常識認為恐龍的顏色根本不可能從化石中得知。但是在二〇一〇年，有一篇研究報告表示，在對殘留在「羽毛恐龍」的羽毛表面上的黑色素小體（melanosome）的組織大小、形狀及密度等進行調查後，可以推斷出恐龍的顏色，並且知道了赫氏近鳥龍和中華龍鳥這兩種恐龍的顏色與模樣。相信今後應該會有更多種恐龍的顏色被查出並公諸於世。

我認為赫氏似鳥龍的頭部和臉上的紅色單點斑紋，以及黑色翅膀上的白色條紋，能夠幫助牠們從遠處就立刻判別出自己的同類，而且這些斑紋也許會因為雌雄、成年和未成年的不同而有所變化呢！另外我也認為，或許牠們也會像我們揮手一般的揮動翅膀，並用這種方式來進行溝通交流呢！

到目前為止，專家學者們認為許多恆溫動物為了不讓體溫下降，而演變成身上長有保暖的羽毛，也因為這樣，對於「羽毛恐龍」的生存較為有利，這也才讓「羽毛恐龍」的比例一口氣增加了許多，再加上羽毛又能夠顯著提升以眼視物時的溝通交流，這讓恐龍社會性的改變大大增加。今後的恐龍學，應該會是把恐龍當成生物來看，而其生物學的研究也會變得比現在更為重要。

我經常被小學生們問，假如將來想要當恐龍學家的話，應該讀些什麼書才好？這本書不只是講恐龍而已，也談到恐龍時代的蛇頸龍和翼手龍，以及目前瀕臨絕種的生物們。我認為光看恐龍的話，並沒辦法感覺到恐龍的重要性。希望大家不要成為只知道恐龍，而對現在的大自然不感興趣的人。有興趣的對象也不要只是大自然而已，希望大家能夠把焦點轉向人。現在是從小學就開始有英文課，也希望大家能夠擅長英文、喜歡英文，或至少不要討厭、排斥英文。

正如恐龍沒有國界般，恐龍的研究或是科學這些自由發想也是沒有國界的。就算是日本人，只針對日本的恐龍進行很深、很詳盡的研究，也無法真正理解日本的恐龍。要和當時陸地相連的亞洲其他恐龍進行比較，和在同一個時代其他大陸繁榮的恐龍進行比較並注意到哪裡不同、哪裡相似，如此才能瞭解日本的恐龍代表了什麼意義。因此，大家也必須去世界各地，並且和世界各地的研究者進行交流才行。

我自己本身在被問到研究時覺得哪個部分最有趣時，就會回答說，當我注意到新的事物或是原本不瞭解的事情變得很清楚的時候，最能感受到其中的樂趣。但是，能夠在世界各地認識許多語言不同、年齡不同，卻同樣喜歡恐龍的朋友，這可能是最讓我快樂的事了。

在目前也仍然被使用的學名之中，最古老的是一八二四年命名的斑龍。雖然恐龍研究最初是從英國開始，但是在那之後將近一百九十年的時光，在世界各地陸續發現恐龍化石，世界各地的研究者也都開始研究化石。現在恐龍的學名再多，也大概只有一千種左右。不過要是從現在光鳥類就有九千種、爬蟲類有五千種來思考的話，從三疊紀到侏儸紀、白堊紀這一億六千萬年以上的長時間中繁榮的恐龍，應該不會只有少少的一千種而已。一般認為恐龍再怎麼少，也應該會有十幾萬種才對。縱使全世界的研究者大家一起努力調查，也還不知道會在何時才能了解恐龍全部的多樣性呢！

最近還有小學生問我：「等我們變成大人、當了恐龍學家時，還會有題材留給我們研究嗎？」這完全沒問題。因為非做不可的事，還真的堆積如山呢！

恐龍研究並不只是發現新種、幫牠取個學名就結束了。要知道那種恐龍是什麼樣的生物、在什麼樣的環境中過著什麼樣的生活、循什麼樣的過程演化等等，應該遠比取學名還要辛苦。不過，只要大家喜歡恐龍、想要更瞭解恐龍的熱情還在，那麼研究恐龍就一定會覺得越來越有趣、越來越快樂。

攝影／藤岡雅樹

▲ 恐龍界的兩大明星——暴龍和三角龍。這是日本國立科學博物館「恐龍博覽會 2011」（2011/7/2 ～ 10/2）中的展示品。

哆啦A夢科學任意門 ❶

恐龍時代通行證

●漫畫／藤子・F・不二雄
●原書名／ドラえもん科学ワールド—— 恐竜と失われた動物たち
●日文版審訂／ Fujiko Pro、真鍋真（日本國立科學博物館）
●日文版撰文／瀧田義博、山本榮喜、窪內裕
●日文版版面設計／ bi-rize
●日文版封面設計／有泉勝一（Timemachine）
●日文版編輯／杉本隆、山本英智香
●翻譯／張東君
●台灣版審訂／吳聲海

發行人／王榮文
出版發行／遠流出版事業股份有限公司
地址：104005 台北市中山北路一段 11 號 13 樓
電話：(02)2571-0297　傳真：(02)2571-0197　郵撥：0189456-1
著作權顧問／蕭雄淋律師

2015 年 10 月 1 日 初版一刷　2023 年 12 月 1 日 二版一刷
定價／新台幣 350 元（缺頁或破損的書，請寄回更換）

ISBN 978-626-361-282-2
遠流博識網 http://www.ylib.com　E-mail:ylib@ylib.com

◎日本小學館正式授權台灣中文版
●發行所／台灣小學館股份有限公司
●總經理／齋藤滿
●產品經理／黃馨瑝
●責任編輯／小倉宏一、李宗幸
●美術編輯／李怡珊

國家圖書館出版品預行編目 (CIP) 資料

恐龍時代通行證 / 藤子・F・不二雄漫畫；日本小學館編輯撰文；張東君翻譯．-- 二版．-- 台北市：遠流出版事業有限公司，2023.12
面；　公分．--（哆啦A夢科學任意門；1）

譯自：ドラえもん探究ワールド：恐竜と失われた動物
ISBN 978-626-361-282-2（平裝）

1.CST: 爬蟲類化石　2.CST: 漫畫

359.574　　112016047

※ 本書為 2011 年日本小學館出版的《恐竜と失われた動物》台灣中文版，在台灣經重新審閱、編輯後發行，因此少部分內容與日文版不同，特此聲明。